电解水农业技术

DIANJIESHUI NONGYE JISHU

编　　著◎肖　伟　李　信　陈　珂　李　林
参编人员◎黄　霜　张嘉雯　易春焱　翁泽华
特别感谢◎樊欣荧　张子茜　田　倩　韩倩倩
　　　　　ZVEUSHE OBEY KUDAKWASHE（津巴布韦）
　　　　　张彩君（马来西亚）　　徐　军
　　　　　DO THI MAI（越南）　　秦晓旭
　　　　　ABDUL HAKEEM（巴基斯坦）
　　　　　张祥辉　彭智慧　唐静逸

电子科技大学出版社
University of Electronic Science and Technology of China Press
·成都·

图书在版编目（CIP）数据

电解水农业技术 / 肖伟等编著. —— 成都：成都电子科大出版社，2024.8. —— ISBN 978-7-5770-1052-6

Ⅰ. S13

中国国家版本馆 CIP 数据核字第 2024MW5575 号

电解水农业技术
DIANJIESHUI NONGYE JISHU

肖　伟　李　信　陈　珂　李　林　编著

策划编辑　　杨梦婷
责任编辑　　杨梦婷
责任校对　　岳寒晨
责任印制　　段晓静

出版发行　　电子科技大学出版社
　　　　　　成都市一环路东一段159号电子信息产业大厦九楼　邮编 610051
主　　页　　www.uestcp.com.cn
服务电话　　028-83203399
邮购电话　　028-83201495

印　　刷　　成都市火炬印务有限公司
成品尺寸　　140 mm×210 mm
印　　张　　3.875
字　　数　　140千字
版　　次　　2024年8月第1版
印　　次　　2024年8月第1次印刷
书　　号　　ISBN 978-7-5770-1052-6
定　　价　　58.00元

作者的话1

我一接触到电解水农业技术就被其科技魅力所吸引，其魅力不仅仅在于这简简单单的水竟有如此神奇的变幻和效用，更在于其似乎给我们提供了一种全新的农业种植模式和管理理念。近十年来我全身心地投入新的农业种植模式的研究，大田—实验室—大田—实验室，重复着这样简单的生活节奏而激情依旧。大多时候，我早晨第一件事就是驾车去农场看看试验地，急切想掌握利用电解水农业技术种植的蔬菜生长动态。对电解水农业技术的研究是一个螺旋前行的过程，常常包含对先前认知的否定。

本书主要介绍了电解水农业技术在作物栽培上的应用。写这样一本书的目的是总结和反思，同时也期盼更多的农业科技工作者和农业一线生产者能更好地了解和利用电解水农业技术。未来的五到十年，我和我的团队将继续在电解水农业技术的应用和推广上拓展深度、高度、广度，争取在十年后为电解水农业技术体系的全面更新作出贡献。

本书的出版一方面要感谢一直支持我的家人及在技术上提供帮助的工作单位西南科技大学、母校四川农业大学、沈阳农业大学和哈尔滨工业大学。另一方面，感谢《长江蔬菜》杂志开设"电解水农业"专栏用于电解水农业技术的推广与宣传，在此也特别感谢武汉长江蔬菜传媒有限公司张丽琴在电解水农业技术推广与服务等方面给予的支持。

本书为"电解水农业技术应用"系列图书的第二本。由于作者水平有限，书中错误和疏漏之处在所难免，恳请有关专家、同人、广大的农业一线生产者及读者朋友批评指正。

肖　伟

2024 年 7 月

目　录

电解水与电解水农业技术

1.1 电解水的概述

电解水又称"电解离子水"或者"氧化还原电位水"，一般是在电解槽中将 NaCl 溶液、KCl 溶液或者 K_2CO_3 溶液等在消耗微量电能的条件下进行电解，并用隔膜分离而生成的酸性电解水和碱性电解水的总称。在生产过程中可以通过电解 NaCl 溶液得到含次氯酸分子的酸性电解水，通过电解 K_2CO_3 溶液得到含钾离子的碱性电解水。

酸性电解水中主要含有氢离子和次氯酸，其 pH 值可以达到 1.5；而碱性电解水中主要含有钾离子和氢氧根离子，其 pH 值可以达到 13.5。强酸性电解水和强碱性电解水均具有很好的杀菌效果，但一般认为酸性电解水的杀菌效果优于碱性电解水。酸性电解水被广泛应用于家庭、医院、饭店、食品加工厂、农业生产、养殖场的浸泡、清洗、消毒和杀菌，以及农作物病害的防治。在农业方面，碱性电解水主要被用于作物病害的预防、促进作物生长和除农残等方面。电解水具有杀菌效果好、制备成本较低、对人体无害等优点，且在农业上具有很好的综合作用效果，因此其在日本、欧美等众多国家得到广泛应用，在中国也正在进行大面积的推广。

1.2 电解水的发展

电解水可以直接以城市市政自来水和农村地下井水等农用水为基础水源，经过离子级的纯水过滤系统转化为纯水后再通过电解水机时，水在电解过程中被功能化。电解水行业面市至今，已在欧美、日韩及东南亚等地区得到了一定的发展。以日本为例：日本是电解水机的发源地，也是目前电解水技术发展最好的国家，家用普及率高达40%以上。日本在1931年根据长寿地区的水质特点，研制出了世界上第一台电解水机。随后电解水机陆续传入韩国、美国等国家。我国在20世纪90年代开始涉足电解水领域，当时的发展是相对滞后的，特别是在电解水农业技术方面没有形成较为成熟的体系。现今电解水行业在我国已得到迅速的发展，被越来越多的消费者所认可，已成为21世纪的黄金产业，特别是近几年来通过西南科技大学电解水农业技术专家团队等相关科研团队的共同努力，大力推进了电解水农业技术的发展，现今已形成了完善的电解水农业技术体系，并在实践中得到了成功的应用检验。

1. 电解水在日本的发展

在讲述日本的电解水发展史之前，我们有必要先介绍一下电解水的分类及其相应的作用。

（1）电解水的分类

酸性电解水：pH值7.0以下的电解水。其主要功能成分为次氯酸（HClO），主要用于消毒。酸性电解水还可细分为强酸性电解水／酸性氧化电位水（pH≤3.0）、微酸性电解水（pH=5.0～6.5）。

碱性电解水：pH值9.0以上的电解水。其主要功能成分为氢氧化钠（NaOH）或者氢氧化钾（KOH），可以细分为强碱性电解水（pH≥10.5）、弱碱性电解水（9.0～10.5）。如水素水／富氢水是一种弱减性电解水，不需要添加电解液，电解后水中富含氢气，主要用于饮用。

日本是电解水技术发展最早的一个国家，也是目前市场最成熟的一个国家。日本第一台电解水生成机是在1931年研发成功的，该电解设备的主要作用是改变水的pH值，以便饮用。直到1954年，第一台民用电解水装置研制成功，主要用于农业生产中；随后，电解水技术于1974年引入韩国，1976年引入美国；日本于1982年开始研究强酸性水，并于1989年成立"水设计研究会"和"水科学研究会"，会员企业达600多家，主要研究强酸性水的杀菌效果；1993年，日本又着重研究强酸性水在医疗，尤其是牙科领域的应用；随后开发并推广使用了微酸性电解水。

（2）电解水的应用

目前，电解水在日本已获得广泛应用，主要应用于农业、食品业和医疗行业，在农业方面主要用于育种（种子的消毒），植保（替代部分农药）和生长促进（用强碱性电解水）。

酸性电解水于2002年被日本厚生劳动省认可为食品添加剂，为其应用于食品安全与卫生领域打开了大门！目前，在日本主要用于生鲜果蔬，食品工业前处理及其用具、机械设备的清洗消毒。用酸性电解水改善食品品质已成为目前日本酸性电解水应用研究的新热门。酸性电解水在医疗方面主要用于内窥镜的清洗、消毒，口腔疾病的治疗和环境消毒。

2. 电解水在我国的发展

我国于1994年开始涉足电解水领域，主要引进产品和应用方向为强酸性电解水在医疗领域的应用；2002年，中华人民共和国卫生部（现为国家卫生健康委员会）颁发《消毒技术规范》指出，酸性电解水可用于餐饮具、瓜果蔬菜的消毒和物品表面的消毒以及内镜的冲洗消毒；2009年12月卫生部发布WS310.2—2009《医院消毒供应中心　第2部分：清洗消毒及灭菌技术操作规范》指出，酸性电解水可用于手工清洗后不锈钢和其他非金属材质的器械、器具和物品灭菌前的消毒；2011年，GB 28234—2011《酸性氧化电位水生成器安全与卫生标准》公布实施，进一步规范了电解水设备的设计制造和使用。从2015年起，随着微酸性电解水技术的发展和应用领域的不断扩展，GB 28234—2011《酸性氧化电位水生成器安全与卫生标准》开始进行修订，加入了"微酸性电解水设备的技术要求和使用"部分的内容，微酸性电解水技术进入快速发展期，电解水的应用从食品、医疗和农业扩展到公共卫生、畜牧养殖等行业。GB 28234—2020《酸性电解水生成器卫生要求》指出，微酸性次氯酸水可用于食品加工器具、瓜果蔬菜的消毒。

此外，电解水还可作农业生产中的杀菌剂。目前，主要的杀菌技术包括物理杀菌和化学杀菌。其中，物理杀菌可分为加热杀菌和非加热杀菌。加热杀菌一般可分为间接加热、蒸汽直接加热、红外线加热、微波加热等杀菌方式，非加热杀菌有紫外线、臭氧、超高压、超音波、辐射、气体、电解水等杀菌技术。化学杀菌一般是指利用化学杀菌剂进行杀菌，农业上用到的化学杀菌剂包括保护性杀菌剂和内吸性杀菌剂。在诸多杀菌技术中电解水杀菌由于成本低，设备简单，可还原为普通水，无排放要求，杀菌效果显著且残效性低。

对于电解水在农业上的应用领域，西南科技大学电解水农业技术专家团队（笔者所在团队）对于电解水在农业上的应用做了长期大量的工作，并在《长江蔬菜》杂志上开设"电解水农业"专栏对电解水农业技术进行系统地阐述与应用推广，同时，拟持续出版"电解水农业技术应用"系列图书用于指导电解水在农业中的实际应用。

1.3　酸性电解水杀菌的杀菌机理及应用

1. 杀菌机理

随着对酸性电解水技术研究的不断深入，酸性电解水的杀菌原理也越来越引起人们的关注。酸性电解水的主导杀菌因素和作用靶标是研究酸性电解水杀菌机制的重点。通过不断地探索与总结，科学界普遍认为：酸性电解水的杀菌原理主要与其较低 pH 值、较高氧化还原电位和高有效氯浓度特性相关，三者结合，共同发挥杀菌作用。较低 pH 值能增加细胞膜通透性，不仅能直接抑制细菌生长，而且有利于 HClO 进入细胞产生羟基自由基，进而与微生物代谢系统中的相关物质发生氧化作用；而高氧化还原电位则可以改变细胞膜的电子流，从而破坏细胞结构、影响细胞代谢，最终达到杀菌效果。

2. 杀菌应用

微酸性次氯酸水的杀菌应用包括：日本将其作为食品添加剂；美国 FDA 食品接触公告 1811 号指出，次氯酸含量高达 60 mg/L，可用于农产品、鱼类和海鲜、肉类和家禽产品的加工过程；我国的 GB 28234—2020《酸性电解水生成器卫生要求》指出，微酸性次氯酸水可用于食品加工器具、瓜果蔬菜的消毒。

1.4　强碱性电解水的杀菌机理、性能及应用

强碱性电解水设备采用隔膜式电解槽，电解质一般为 K_2CO_3

和KCl等。不同于其他由苛性钠形成的碱性水，强碱性电解水不会导致皮肤的刺激性或化学性灼伤。除了其杀菌效果，强碱性电解水对分解油非常有效，因此被广泛地使用在清洗制造产品及工业机械和零件等方面。

1. 强碱性电解水的杀菌机理

强碱性电解水因其具有较高的pH值，能够水解病原菌的蛋白质和核酸，破坏细菌的正常代谢机能，使细菌死亡。其杀菌作用强大，甚至能杀灭病毒。

2. 强碱性电解水的性能

关于强碱性电解水，需要先了解以下几个概念。

（1）去污性能

皂化作用：油或其他脂肪遇上强碱电解水，便会被分解，通过皂化作用，使油脂类污染物成为更容易脱离的状态。

乳化分散作用：碱性电解水通过乳化作用将油脂类污染物切割分散，使其更容易剥落。在对于厨房抽油烟机除油污方面，一般要求碱性电解水的pH值在12.5以上，pH值在13以上时效果最佳。

污染物脱离作用：在碱性电解水的作用下，多数污染物离子具有很强的负电位，同时许多待清洗物体表面也带有负电荷，两者之间产生排斥力，具有较强的去污作用。另外，这种排斥力也可以防止待清洗物体表面再次受到污染。

溶解氢作用：在碱性电解水中含有丰富的溶解氢，其对污染物的去除也具有一定作用。

水分子团特性：水分子是一种高极性分子，由于氢键的作用，使水以水分子团的形式呈液态存在，并且这种水分子团会不断地聚散离合（图1-1），在局域离子形成的电场力作用下，极性水分子会围绕着某个离子形成分子群团化，当电场达到一定的强度，且有一定浓度的离子做支架时，就会将大分子水团变成小分子水团，因此具有更好的渗透性。

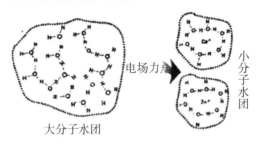

图1-1 水分子团的聚散离合

（2）防锈性能

强碱性电解水中氢气分子过饱和溶解，氧化还原电位很低，溶解氧也非常少，所以可以防止液体中金属生锈形成氢氧化铁膜。但应当注意，强碱性电解水不能用于对碱有反应的金属（铝、黄铜、铜等）。

3. 强碱性电解水在日化品中的应用

碱性电解水湿巾：碱性电解水清洁湿巾在日本早有应用，主要用作表面清洁，可去除多种有机污染物和油污，同时不会有任何残留，用后无须二次清洁。

多功能清洁液：强碱性电解水作为多功能清洁液在我国和日本多有应用，主要用作厨房油污去除、果蔬农残去除等。

眼镜清洁护理液：以强碱性电解水为清洁护理液可以用作眼镜，手机、电脑等电子设备屏幕的清洁和杀菌。

宠物用清洁护理液：碱性电解水作为宠物清洗护理液，主要用于宠物毛发清洁、体表杀菌、除臭等（酸性电解水具有较好的除异味作用）。

另外，强碱性电解水在工业玻璃清洗、金属零部件清洗、PCB板清洗、织物清洗、医疗器械清洗、蛋白质提取、农药残留去除等方面都有应用。

1.5 电解水农业技术

世界上有很多电解水生产设备，但用于农业的电解水设备目前还比较少。电解水农业技术在日本发展得较为成熟，也有大面积的实际施用。在国内，电解水设备以及配套技术的开发主要集中在江油市微生物技术应用研究院、西南科技大学、浙江大学、中国农业大学和北京青鹬生物科技有限公司等单位。其中，江油市微生物技术应用研究院和西南科技大学联合研制的电解水设备实现了：以 NaCl 溶液进行电解，生产出 pH 值在 1.5 左右的强酸性电解水，以 K_2CO_3 溶液进行电解，生产出 pH 在 13.5 左右的强碱性电解水。北京青鹬生物科技有限公司在全国推出共享"农用电解水站"设备，实现同一台设备完成酸性电解水（pH>2，500 mg/L，ORP 1200 mV）和碱性电解水（pH<13.5，500 mg/L，ORP 800 mV）的同步制水售水，通过将电解水设备免费投放到田间地头，实现了农用电解水施用成本低于同效果农药施用成本的历史性突破，把每亩地杀菌除虫费用降低一半以上，让普通农户都用得起农用电解水，为实现全国全面普及农用电解水的应用奠定坚实基础，预计未来5年内农用电解水将通过共享"农用电解水站"普惠到各大小农户。

强酸性电解水和强碱性电解水均具有很好的杀菌效果，强酸性电解水的杀菌效果优于强碱性电解水，强酸性电解水的杀菌效果可达99%以上。从理论上讲，强酸性电解水和强碱性电解水都可以用于植物病害的防治，在实际的大田应用过程中，一般对强碱性电解水进行20～30倍稀释后喷施用于病害的预防和促进作物生长；对强酸性电解水进行5～10倍稀释后喷施用于病害的防治。具体稀释比例需要根据当地具体情况，如当地土壤pH值、井水等农用水的pH值，当地使用农药的品种、喷施习惯和频率，当地常见病虫害的类别，当地主要农作物、农户具体种植的品种，以及电解水原液在生产和放置后的最新参数等来最终设定。原则上稀释后的浓度控制在5～80 mg/L（青鹉电解水）。（本书在提及相关倍数时，仅是全面考虑当时现实中的以上维度综合判定的倍数，以下同）

酸性电解水可以有效地用于农作物的病害防治，也可以作为养殖过程中禽畜饲料的添加剂或者杀菌剂进行使用。用酸性电解水拌料喂养，可有效地防治各种肠道病的发生，单独饲喂，也能达到防病治病的目的。与此同时，碱性电解水还能有效地降解农残，利用碱性电解水浸泡蔬菜或喷施碱性电解水均能有效地降低农产品上化学农药的残留量。此外，电解水还可以调控土壤pH，处理种子能提高种子的萌芽率和促进幼苗的生长发育，等等。在农产品的生产过程中，常规施用（喷施）电解水不会明显地影响栽培土壤中微生物的结构，不会增强作物对栽培土壤中重金属的吸收。浇灌电解水（稀释后的电解水）对栽培土壤的微生物结构具有明显的影响，特别是结合壳聚糖等配合施用时，相关内容后续将做详细的阐述。

在电解水农业技术体系中注重硅肥的施用，利用电解水农业技术体系能有效地提高作物的硅含量，实现硅素蔬菜和还原性蔬菜的生产。在国内，"电解水农业"以及"电解水农业技术"的提法最早公开出现在2018年《长江蔬菜》3月下半月刊"电解水农业"专栏中。电解水农业技术可以简单地概括为：将电解水应用于农业种植、养殖和农产品加工等领域的绿色农业生产技术。从2018年起至今（2024年）笔者在《长江蔬菜》上开设"电解水农业"专栏，发表专栏文章近50篇对电解水农业技术进行了系统的阐述。在电解水农业技术体系中不仅仅是指对酸性电解水和碱性电解水的施用，更是以酸性电解水和碱性电解水的施用为核心，有机地结合包括生物防治在内的其他农事操作措施的农业综合技术体系。

在农业生产过程中酸性电解水也可以与杀菌剂和杀虫剂混合施用。酸性电解水与一些杀菌剂和杀虫剂混合不会影响其杀菌杀虫能力（GEORGE N. AGRIOS所著的《植物病理学》第5版中文版中第322页也对此做了简单叙述，该叙述与笔者所在团队的研究结论一致）。酸性电解水与杀菌剂和杀虫剂混合不会影响其杀菌杀虫能力是笔者所在团队提出"电解水农业技术"体系的理论基础之一。大量的生产实践已经证明：酸性电解水与杀菌剂和杀虫剂混合使用可以减少化学农药的施用量，增加其杀菌杀虫效果。减少化学农药施用量的主要机理体现在：电解水ORP电位与病菌的ORP电位差形成电位势能（电位低的原子向电位高的原子不断贡献电子）；酸性电解水自身具有较好的杀菌效果；小分子水团有利于化学农药的吸收；酸性电解水配制化学农药有利于保持农药自身的特性，即大部分农药都是酸性的。施用过程中一般建议将强酸性电解水进行10倍稀释后使用（pH值在2.9左右），此时酸性电解水自身具有良好的杀菌效果，同时具有较好的小分子水团特性，并且酸性水环境有利于大部分农药发挥最佳的药效。实验室和大田生产相关研究证明：强酸性电解水进行10倍稀释后配制化学农药，具有适宜的操作性和良好的防治效果，与8倍、9倍或者11倍稀释差异不显著；5倍稀释后施用一般用于有机种植（零化学农药施用）中，或作物已发生病害时对作物病害的防治。对于大部分微生物而言，在pH=5.0～8.0时均可正常生长，最适宜的pH值是7左右，偏酸性或者偏碱性均不利于大部分微生物的生长。

本节内容中所说到的碱性电解水进行20～30倍稀释后施用，酸性电解水进行5～10倍稀释后施用是针对强碱性电解水（pH值在13.5左右）和强酸性电解水（pH值在1.5左右）而言的；对于原液为弱酸性电解水的酸性电解水可以直接喷施或者做2～5倍稀释后喷施，但一般不建议直接喷施利用稀盐酸所生产的弱酸性电解水。施用时酸性电解水的有效氯浓度一般为30～100 mg/L。

1.6　小结

由于拥有制备成本低、杀菌快、杀菌范围广、不产生耐药性、易于分解对环境无害、使用方便等优点，电解水已被广泛地应用在医疗卫生、食品加工和农业生产中。现今农产品的安全问题越来越得到社会的重视，在一定程度上减少或者完全取代化学农药的施用是解决农产品的安全问题及农用耕地污染的重要措施。而电解水本身的性质决定了其应用在农业生产过程中不会对环境产生污染，是无毒无害无污染的绿色产品，因具有杀菌、促长、预防病虫害的作用，可有效地减少化学农药的施用，所以电解水的重要性在农业中显得更为突出。电解水农业技术体系是指以酸性电解水和碱性电解水的施用为核心，有机地结合包括生物防治在内的其他农事操作措施的农业综合技术体系。强碱性电解水一般经20～30倍稀释后施用，强酸性电解水一般经5～10倍稀释后施用。原液为弱酸性电解水的酸性电解水可以直接喷施或者经2～5倍稀释后喷施，施用时酸性电解水的有效氯浓度一般为30～100 mg/L。

2

无药电解水农业技术体系

2.1 利用电解水进行植物病害的防治

酸性电解水和碱性电解水均具有较好的杀菌效果，在农业生产过程中常常利用酸性电解水来进行植物病害的防治。在农业生产过程中，种子播种前利用酸性电解水对种子进行消毒处理，可以有效地杀灭种皮外的病菌。笔者所在团队近年来在生产实践过程中发现：利用酸性电解水浸泡种子虽然能有效地杀灭种皮上的病原菌，但并不能体现出明显的促进种子发芽的作用。因此，在利用酸性电解水对种子进行预处理时需要注意两个方面：一方面，浸泡处理时间不宜过长；另一方面，酸性电解水浸泡处理后，一般需要利用碱性电解水再进行一次浸泡处理。

利用酸性电解水中含有次氯酸等有效的杀菌成分，并且具有较高的氧化还原电位以及较低的pH值，可以大面积地用于防治农作物病害，如种苗的立枯病、猝倒病，桃树的细菌性穿孔病，水稻的细菌性条斑病等细菌性病害；还有如葡萄瓜果的霜霉病、白粉病、锈病、黑斑病等真菌性病害；甚至一些蔬菜类的病毒病都可以得到有效地防治。与此同时，喷施碱性电解水能有效地提高植物对营养物质的吸收、抑制植物的氧化应激程度，提高作物自身的抗氧化能力。强酸性电解水和强碱性电解水本身还具有调节土壤pH值的潜力，特别是对植物根系微环境pH值的影响。栽培土壤pH值的改变与土壤中的微生物结构变化有直接关系，因此通过调节栽培土壤pH值的方式可作为一些土传病害防治的重要措施。

喷洒酸性电解水和碱性电解水，一般要求在晴朗天气的上午8：00—10：00或者下午4：00—6：00进行，不建议在高温高湿以及阴雨天施用。在日本，生产过程中常采用交替喷施酸性电解水和碱性电解水的喷洒法，即在喷洒酸性电解水后0.5～1.0 h内喷洒制备的碱性电解水，通过中和作用缩短酸性电解水留存于枝叶的时间，可以避免药害的发生。在我国，鉴于成本的考虑和操作的可行性，多采用单独的喷施方式进行酸性电解水和碱性电解水的喷施；同时随着电解水生产设备的升级以及电解水农业技术自身的逐步完善，现单独喷施酸性电解水或者碱性电解水一般都不会再产生药害，使用电解水的成本也得到了大幅度的降低。大田生产过程中使用的电解水常为强酸性电解水和强碱性电解水，因此在施用过程中常采用兑水稀释的方法，以降低酸性电解水中氯离子浓度及氧化还原电位。强酸性电解水一般可以采用5～10倍的稀释兑水量，稀释后有效氯浓度为30～100 mg/L；强碱性电解水一般可以采用20～30倍的稀释兑水量，稀释后碱性电解水中钾离子浓度为10 mg/L左右。

电解水农业技术体系不仅指对酸性电解水和碱性电解水的施用，还强调以酸性电解水和碱性电解水的施用为核心，有机地结合包括生物防治在内的其他农事操作措施的农业综合技术体系。当电解水与其他物质进行混合施用时，需要注意对于药害发生的防治。比如，酸性电解水与有机硅混合施用时可能产生药害。在小白菜的种植过程中，研究设置了两个处理组：（1）喷施酸性电解水配制的有机硅；（2）先喷施有机硅，12小时后喷施酸性电解水。本研究中的酸性电解水为5倍稀释液。处理一天后，对不同处理组的小白菜进行观察，发现：喷施酸性电解水配制的有机硅的小白菜发生严重的药害，表现为个别失水萎蔫与卷叶症状；先喷施有机硅后喷施酸性电解水的处理组的小白菜生长正常。因此，酸性电解水与有机硅肥混合施用时，酸性电解水的释稀倍数应该在10倍左右或者更高，不能用5倍稀释液，以免发生药害，同时适当地减少有机硅肥的使用量。在利用酸性电解水进行植物病害的防治中，不宜过多量地与其他试剂进行混合施用，过多量地与其他试剂的混合会大幅度地降低酸性电解水的灭菌效果。大面积喷施处理时一定要先做小面积的喷施试用试验。

需要注意的是，在电解水农业技术体系中，喷施酸性电解水常用于植物病害的直接防治；喷施碱性电解水能有效地促进植物对钾元素的吸收以及减弱植物的氧化应激反应等，其能有效地增加植物的抗性，从而间接地对植物的病害起到防治作用，同时喷施碱性电解水能有效地降低农产品的农药残留。利用电解水特别是碱性电解水进行栽培土壤pH值的调节对于一些土传病害的防治具有一定的积极作用。

2.1.1 喷施酸性电解水对番茄疫病的防治

番茄晚疫病又称"番茄疫病"，是发生在番茄上的常见真菌性病害。番茄晚疫病在番茄的整个生育期均可发生，幼苗、叶、茎、果实均可发病。番茄晚疫病是一种毁灭性的病害，在番茄种植区域普遍发生。特别是在冬季栽培的番茄，因高湿低温易发病。该病一旦发生极易迅速传播，如果不能及时有效控制会造成绝收。番茄晚疫病以农业防治和化学防治为主。对番茄晚疫病的防治措施首先是种植抗病品种，再进行轮作换茬，加强田间管理，合理密植。在晚疫病大范围发生时，喷洒农药是最有效的方法，但要注意喷洒药液要及时、全面。

电解水技术是2021年全国农业技术推广服务中心大力推广的七类绿色防控技术之一，其对作物多数病害均具有较好的防治效果。从笔者所在团队近几年的大田生产实践来看，在番茄晚疫病的发生初期喷施酸性电解水能有效地防治番茄晚疫病。在电解水农业技术体系中有效防治番茄晚疫病需要做好平时的常规管理和发病初期的管理。常规管理包括如下两个方面：利用酸性电解水进行种子的消毒和在生长过程中喷施电解水进行病害的预防。

利用酸性电解水进行种子的消毒：将酸性电解水进行5倍稀释后装在3 L的塑料烧杯中备用，取番茄种子放置在1 L塑料烧杯的浸种容器中（本次早春大棚番茄生产选用的番茄品种为欧菲莱斯石头番茄），向浸种容器中加入稀释后的酸性电解水进行消毒杀菌处理，处理5～10 min后，水洗一次，然后用20倍稀释的碱性电解水处理5～10 min，即可进行种子的催芽。

酸性电解水对种子具有很好的消毒作用，但一般情况下单独使用酸性电解水对种子的发芽并没有明显的促进作用。酸性电解水处理后结合碱性电解水处理，在对种子进行消毒的同时也能有效地提高种子的发芽率。

在生长过程中喷施电解水进行病害的预防：番茄的日常管理遵循电解水农业技术的常规操作方法。番茄的生产过程包括育苗和定植到大田中，一般要求按照每2～3周喷施1次电解水的频率来进行病害的防治。酸性电解水5～10倍稀释后喷施，碱性电解水 20～30 倍稀释后喷施。先喷施含有机硅肥的稀释后的酸性电解水（每 20 L 稀释液中添加 2 mL 有机硅，有机硅肥为 20 mL 瓶装），30～60 min 后喷施稀释后的碱性电解水。育苗过程中一般在出苗 1 周后进行电解水的喷施，定植到大田中也是 1 周后进行喷施。本节所提到的番茄生产为早春大棚番茄种植，定植到大棚中的时间为 1 月底至 2 月初，每次喷施酸性电解水或者碱性电解水的每亩参考喷施量为 60 L，喷施时间选择在上午 10 点或者下午 4 点左右；对定植后的番茄，喷施时一般要求从下往上喷，尽量保证叶片的背面也喷施到电解水。在番茄生长过程中也可以喷施酸性电解水配制的壳聚糖来进行病害的防控，此时酸性电解水为 10 倍稀释液，壳聚糖的用量为每 20 L 酸性电解水稀释液中加入 2 g，整个生长过程中喷施次数不少于 3 次。在番茄的生产过程中需要及时剪掉下部的叶片，该措施一方面能有效地提高整体的通风性利于降湿；另一方面有利于进行电解水的喷施。

晚疫病发病初期（图 2-1）喷施酸性电解水进行病害的有效防治：当观察到晚疫病有发生时（发生初期，发病时间在 4 月 28 日左右），需要马上摘除病叶并喷施酸性电解水。此时酸性电解水的建议稀释倍数为 5 倍，并连续喷施 2 天，每天一次，每次喷施每亩参考喷施量为 60 L；第 3 天需要对整块地进行巡查，观察是否有新的晚疫病病斑，一经发现需要马上摘除，并用装有酸性电解水的手持小喷壶对病斑附近的茎叶进行喷施。一般 1 周后可再针对晚疫病进行整块地的巡查。从近几年的生产实践来看，喷施酸性电解水能对早期晚疫病的发生起到有效控制（图 2-2），从已有大田生产来看，喷施酸性电解水对早期晚疫病的防治具有特效。

　　小结：在番茄生产过程中，利用电解水农业技术进行疫病的防治需要做到以下几点：（1）做好种子消毒；（2）做好常规预防，按照每2～3周喷施1次电解水的喷施频率进行番茄病害的预防；（3）发现晚疫病，早发现早处理，摘除病叶与病枝，连续喷施2次酸性电解水，并密切观察效果，同时做好防治效果巡查工作，发现病斑要及时摘除并喷施酸性电解水。从笔者团队近几年的研究看，酸性电解水对番茄早期晚疫病的防治具有特效，能迅速控制住早期番茄晚疫病的扩散。

　　酸性电解水常用于病害的防治，其实在蔬菜生产过程中碱性电解水也会被用于病害的防治，比如，对于马铃薯粉痂病以及十字花科作物的根肿病的防治就可以选择用碱性电解水100～200倍稀释液（pH值为9～10）灌溉来进行防治，从已有的研究结果看具有较好的防治效果。在以后的相关内容中，笔者将进一步对利用电解水来调节栽培土壤pH值的方法来进行土传病害的防治进行论述。

图2-1　晚疫病发病初期在茎秆、果实和叶片上的表现

图2-2　喷施酸性电解水后的番茄

2.1.2　喷施酸性电解水对番茄叶霉病的防治

番茄叶霉病是番茄种植过程中的常见病害，主要危害番茄的叶片，严重时也危害茎、花和果实。适宜发病气温为20～25 ℃，湿度80%以上高湿、弱光和连续阴雨天都利于叶霉病的发病。本节将较为详尽地介绍利用电解水农业技术体系对番茄叶霉病进行有效防治的措施。酸性电解水对蔬菜的病害具有较好的防治作用，对地上部分的真菌和细菌病害均具有较好的防治效果。四川绵阳地区2021年2月底至3月初遇降温和阴雨天气，导致该地部分番茄叶片特别是下部叶片较大面积出现叶霉病感染。生产过程中可利用电解水农业技术体系对早春番茄叶霉病进行有效防治，达到有效地减少化学农药的施用甚至零化学农药的施用，从而保证番茄的品质（低农残或者零农残）。利用电解水农业技术体系进行叶霉病的防治是一个综合的防治措施，主要措施包括下面五点。

（1）温度和湿度调控：早春低温季节的温度与湿度管理。早春番茄一般种植在大棚中，这就需要尽量做好温度和湿度的管理，早春温度尽量控制在10～20 ℃，同时避免空气湿度超过80%。定植到大田后及时覆盖地膜，近年来很多地方都采用先覆盖地膜，然后利用打孔器打孔种植的方式进行定植。进行膜下滴灌浇水，不要大水漫灌，可以减少田间的空气湿度；晴天上午9点左右放风降低棚内湿度，温度较低时（可参考低于10 ℃）下午可提早合上风口。

（2）喷施电解水增强番茄的抗性，预防叶霉病发生：在番茄定植（定植时间可以参考1月底至2月初）到大棚中后1周左右，通过喷施酸性电解水配制的有机硅肥和碱性电解水的方式来增强番茄的抗性，具体操作为：将酸性电解水（酸性电解水由四川雄一集团提供，由电解水生产设备生产，pH值在2.0左右）进行7倍稀释，并按照每20 L稀释液中添加2 mL有机硅（有机硅肥，20 mL瓶装）液体的方式进行配制。向番茄喷施含硅肥的酸性电解水（每亩参考喷施量为60 L），30～60 min后喷施碱性电解水（碱性电解水由四川雄一集团提供，由电解水生产设备生产，pH值在13.5左右）。喷施后敞开大棚两端进行有效的降湿（通风时间不少于2 h）。按照每2～3周喷施1次的频率在番茄生产的整个过程中进行喷施处理（总共喷施一般在8次左右）。通过该操作方式在对病原微生物进行消杀的同时能有效增加番茄植株的硅含量，提高番茄的整体抗性。在番茄生长过程中也可以喷施酸性电解水配制的壳聚糖溶液来进行病害的防控，此时酸性电解水为10倍稀释液，壳聚糖的用量为每20 L酸性电解水稀释液中加入2 g，整个生长过程中喷施次数不少于3次。一般而言，在番茄生长过程中可以选择喷施酸性电解水溶解的硅肥或者酸性电解水配制的壳聚糖溶液来进行病害的防治，也可以同时选择两种方式，当然单独喷施酸性电解水也能对常见病害进行有效的防治。

（3）打叶：番茄，如农友种苗（中国）有限公司生产的凤珠品种，其下部叶片较为平展和下垂。这种平展和下垂的叶片就导致电解水很难喷施到叶片的背面，加上离地面近、湿度大，从而导致在这种特定的气候条件下叶霉病大面积在下部叶片的背面发生。从近几年的种植来看，凤株和金珠等品种易感叶霉病；番茄罗纳F1等品种对叶霉病具有较好的抗性。从实际的种植来看选择抗病品种对于叶霉病的防治至关重要，不同番茄品种间对番茄叶霉病的抗性存在明显的差异。

对于凤株品种的樱桃番茄需要及时将下部叶片剪掉，一般在开第一批花的时候，留下部临近花枝的2～3片叶，其余下部叶片都剪掉（图2-3）。该操作能将病叶进行有效的摘除与收集，同时方便后面酸性电解水的喷施。当第一批果开始转色时，剪掉第一批果下部的叶片，该措施除了方便喷施电解水外，还有利于番茄着色与整体通风降湿。

图2-3　摘番茄下部叶片

（4）喷施酸性电解水进行叶霉病的防治：当叶霉病已经发生时，需要及时喷施酸性电解水进行叶霉病的防治。具体操作如下：将酸性电解水原液进行5倍稀释，然后按照从上到下整株喷施的方式对番茄进行喷施来对叶霉病进行防治（喷施量每亩参考喷施量为 60 L）。酸性电解水的治疗性喷施，按照连续喷施2～3天，每天喷施1次的频率进行喷施。当叶霉病刚发生时喷施电解水能进行有效的防治，但当较大面积发生时建议喷施一定的生物农药多抗霉素或者化学农药，如苯醚甲环唑来进行有效地防治。对于凤珠等易感叶霉病的品种，一般建议在生产过程中喷施1～2次生物农药或者化学农药来进行有效的防治；对于对叶霉病具有较好抗性的番茄品种在生产过程中喷施电解水能对叶霉病进行有效防治，无须喷施化学农药来进行防治。

（5）中后期管理：当前期叶霉病得到有效控制后，在番茄的中后期同样需要注重温度与湿度的控制（温度一般控制在15～25 ℃，湿度控制在80%以下）。当温度升高后需要及时的通风（一般在3月中下旬开始进行）。适度打叶（剪叶，中后期可以剪掉第2批果实下面的叶子），增强通透性；与此同时，按照2周1次的频率交替喷施酸性电解水（加有机硅）和碱性电解水（酸性电解水的稀释倍数参照7倍稀释处理，碱性电解水的稀释倍数参照20倍稀释处理，每次喷施量参照每亩60 L处理；喷施酸性电解水30～60 min后喷施碱性电解水）。

小结：抗病品种的选择对于叶霉病的防治至关重要；利用电解水农业技术体系对早春番茄叶霉病的防治，可采用调控温度和湿度，打（摘）底部叶和喷施电解水的综合防控措施来进行有效的防治，达到较少次数的喷施化学农药甚至零化学农药的施用。采用该防治措施进行番茄的生产时，中高抗品种的番茄的叶霉病少有发生；低抗品种的番茄的叶霉病有所发生，但对正常生产的影响不大。从近几年的生产示范看，该综合措施能对番茄生产过程中早期的病害进行有效的防治，可作为利用电解水对番茄以及其他类似蔬菜进行早期病害防治的一个标准操作流程。大田生产实践已经证明利用电解水农业技术体系进行农产品的生产能较好的实现整个生产过程的零化学农药的施用，从而有效地保证农产品的安全。

2.1.3 喷施酸性电解水对植物氨中毒的防治作用

氨害是大棚蔬菜的一种常见病害。由于肥料施用不当，加之大棚通风不良，棚内温度高、湿度大，生长旺盛的蔬菜很容易受到氨气的危害。轻者影响植株生长，严重时会导致植株枯萎死亡。在笔者居住所在市（四川绵阳），笔者所遇到的实际农业生产过程中发生最多的肥料烧苗和氨害的原因是使用未腐熟鸡粪。作物避免氨害的常见措施包括科学施肥、适当控制田间水分和棚、膜及时通风管理等。在科学施肥方面：有机肥应选用充分腐熟的优质有机肥，复合肥应避免选择铵态氮含量高的高氮型肥料，且单次施用肥料折合纯氮每亩不超过 18 kg。底肥宜均匀深施到 15～20 cm 以下土层，追肥时切忌在大棚地表撒施，宜采用"少量多次，肥水结合"的方式进行。在适当控制田间水分方面：大棚旱作要适当控制土壤水分，有些农户为控制作物苗期徒长，防止病虫害传播，往往将大棚土壤水分控制得非常干燥，这种情况就容易引发氨害。在棚、膜及时通风管理方面：农用地膜虽可以起到提高地温、保水保墒、防治农田杂草等作用，但也容易引起氨气积累。所以，高温时可在地膜上每隔 10 cm 开一个小孔用于透气。同时移栽孔应用土压实，防止氨气从移栽孔溢出造成幼苗底部叶片及茎基部发生氨害；大棚作物在保障棚内温度的前提下，应尽量注意通风换气。当塑料地膜内壁或温室大棚膜内壁附着的小水滴 pH 值在 7.2 以上时，即可诊断为氨气超标。因此，通过监测膜上水珠的pH值就可以快速判断氨害是否发生。对于已经发生氨害的大棚或露天地膜覆盖作物，首先要通风放气，尽快降低氨气浓度；其次，应大量灌水降低土壤肥料浓度；最后，可于叶面喷施0.1%的食醋或0.136%的赤·吲乙·芸苔可湿性粉剂。在电解水农业技术体系中，当作物定植后喷施酸性电解水一方面能有效地进行作物病害的防治，另一方面能有效的降解大棚中的氨气。喷施酸性电解水可作为防治氨害的辅助措施。在此需要再次提醒：鸡粪等"热性"的有机肥不应直接"生施"，需要充分腐熟后方可使用；对于油枯这类的有机肥，原则上也要求充分腐熟后施用，但就蔬菜生产而言直接施用未腐熟的油枯一般不会发生烧苗现象，即鸡粪切忌生施，油枯可生施。

(a)　　　　　　　　　　(b)

图2-4　发生严重氨害及恢复的番茄苗

图2-4（a）为发生严重氨害的定植到大田温棚中的番茄苗，图2-4（b）为氨害后得到一定恢复的番茄苗。发生氨害后的处理措施：通风放气，降低氨气浓度；大量灌水降低土壤肥料浓度；喷施0.136%的赤·吲乙·芸苔可湿性粉剂等。氨害会严重地破坏作物的根系，作物即使得到一定程度的恢复，仍会严重的影响作物的生长，使作物整体减产。

2.1.4 浇灌酸性电解水克服重茬的连作障碍

重茬的连作障碍问题是大田农业生产特别是设施条件下的瓜果蔬菜生产诸遇到的问题。究其原因，有以下几个方面：其一，土壤病害的积累滋生，使土壤微生物环境恶化，导致一些土传病害诸如立枯病、猝倒病的严重发生；其二，大棚内缺乏外界雨水的滋润，造成土质的盐碱化；其三，因植物的选择吸收而导致某些矿质微量元素的缺乏。当然，还有许多复杂的综合因素也会发生连作障碍，如一些专一化病害病源基数的增加，导致重茬易得病；也有因肥水管理不科学造成土壤肥力降低、矿质元素无效化、土壤结构板结等问题，导致连作障碍。有观点认为采用浇施酸水的方法，可以杀灭土壤中的有害菌，因为大多有害菌类是厌氧菌，而厌氧菌的致死阈值比好氧菌稍低，这样就不会把土壤中所有的微生物杀死，否则杀死所有微生物，也会影响土壤微生物的生态环境。向土壤浇酸水后，苗的立枯病与猝倒病得到有效控制，土壤中越冬或越夏的病菌可以得到清园式的杀灭。另外，如因设施栽培造成的酸碱环境恶化引起的连作障碍同样可通过浇施酸碱水得到改善。在电解水农业技术体系中，浇灌酸性电解水对土传病害防控具有重要作用，但在实际操作过程中一般建议浇灌酸性电解水配制的壳聚糖溶液来进行土传病害的防控，同时也可以结合浇灌电解水特别是碱性电解水来对栽培土壤的pH值进行调节来有效防控土传病害。对于相关土传病害的防治在相关章节有详细的阐述。

2.1.5 浇灌碱性电解水对马铃薯粉痂病的防治

马铃薯粉痂病菌是细胞内专性寄生菌，属鞭毛菌亚门根肿菌纲的根肿菌目。笔者所在团队在河北沽源县马铃薯产区进行了浇灌碱性电解水防治马铃薯粉痂病的示范生产，通过两年的研究和示范生产，结果表明：利用碱性电解水200倍稀释灌溉能有效地防治马铃薯粉痂病。强碱性电解水200倍稀释后pH值为9.0～9.6，采用滴灌灌根，每亩用水量为12 000 L。

施用方法：在马铃薯播种到大田中后2～3周左右，通过滴灌系统或者直接浇灌的形式浇灌200倍稀释后的碱性电解水，每亩用水量在12 000 L左右；在完成第1次浇灌后的2～3周左右可以进行第2次浇灌。一般浇灌200倍稀释后的碱性电解水2次就能对马铃薯粉痂病起到较好的防治效果。

碱性电解水对栽培土壤pH值的调节具有较好的作用，能有效地提升栽培土壤的pH值并维持较长时间，将在后续章节中作详细阐述。

2.1.6　浇灌碱性电解水对十字花科作物根肿病的防治

十字花科作物根肿病是近年来发生较为严重的十字花科作物病害，其致病菌为真菌鞭毛菌亚门芸薹属根肿菌。感病植物表现出植株矮缩和黄化症状。发病初期根部常变形，出现纺锤状肿瘤，严重影响植物根系对水分和营养物质的吸收，此种真菌能在栽培土壤中长期存在，是一种很难得到有效防治的土传真菌病害。该病害的大面积发生导致一些地区的农用耕地不适宜西蓝花和油菜等十字花科作物的种植。电解水农业技术是近年来推广的绿色种植技术之一，电解水特别是强酸性电解水和强碱性电解水具有调节栽培土壤pH值的作用，因此浇灌电解水在克服重茬连作障碍和对土传病害的防治方面具有一定的应用价值。通过调节土壤的pH值，使栽培土壤的pH值不适应该致病菌的生长是有效防治该类病害的重要措施，本节将介绍电解水对西蓝花根肿病的防治效果，并以一次西蓝花的种植全过程进行阐述。

材料：本研究所选十字花科作物的西蓝花品种为青云，购于四川绵阳龙门农资批发市场；电解水为雄一电解水，由四川雄一集团提供；酸性电解水 pH 值为 2.0±0.5，碱性电解水 pH 值为 13.0±0.5；多菌灵 50% 可湿性粉剂，购于四川绵阳龙门农资批发市场。试验在电解水农业技术应用示范农场中进行，该农场位于四川绵阳游仙区石马镇横山村。

方法（育苗）：2021 年 8 月 10 日进行播种，播种前利用酸性电解水 5 倍稀释液对西蓝花种子进行消毒；播种后喷施多菌灵可湿性粉剂 1000 倍稀释液对育苗场进行消毒，播种密度参照 10 m² 育苗池播撒 7000 粒种子（常规生产也有在播种盖土后喷施 1 次多效唑控苗的）；当西蓝花苗 1 叶 1 心时移栽到 36 孔的育苗盘中进行育苗，移栽后 1 周左右浇灌 1 次 50 倍稀释的碱性电解水，每株浇灌量在 10 mL 左右，此步骤可以直接利用喷雾器喷施。

方法（试验设计）：2021 年 9 月 12 日当西蓝花 4 叶 1 心时定植到大田中（图 2-5），定植密度参照每亩种植 2300 株左右为宜（不宜超过 2500 株每亩）。本试验设置了 5 个处理组：处理组 1 定植后马上浇灌碱性电解水，20 天后浇灌第 2 次；处理组 2 定植后 20 天浇灌碱性电解水，20 天后浇灌第 2 次；处理组 3 定植后 40 天浇灌碱性电解水，20 天后浇灌第 2 次；处理组 4 定植后马上浇灌多菌灵，20 天后浇灌第 2 次，多菌灵的浇灌浓度为 500 倍稀释液，浇灌量为 50 mL；处理组 5 浇灌清水作为对照处理组，定植后马上浇灌一次，然后 20 天后浇灌第 2 次，浇灌量为 50 mL。每个处理组做 3 个重复，每个重复面积为 40 m²，约 140 株。碱性电解水为 50 倍稀释液，每株浇灌 50 mL。

图2-5　西蓝花育苗移栽与定植

方法（调查项目）：试验在收获期对不同处理组的西蓝花地下部分根肿病病情指数、发病率和防治效果进行了调查。每个重复随机取20株进行根肿病病情指数调查，按下列分级方法进行记录，记录单位为株。根肿病病情共分5级，分级标准为：0级，无根肿病；1级，主根有根肿，不明显，地上部分无明显萎蔫情况；2级，主、侧根有根肿，主根根肿稍微大，地上部分无明显萎蔫情况，不影响产量；3级，主、侧根有根肿，根肿大，根肿表面有龟裂，地上部分明显萎蔫，对产量有一定影响；4级，主根肿大，根肿表面有龟裂，地上部分萎蔫，基本无产量。

病情指数防效计算：

$$病情指数 = \frac{\sum(各级病株数 \times 相应级数值)}{调查总株数 \times 4} \times 100$$

$$发病率（\%） = \frac{处理组感病株数}{调查总株数} \times 100\%$$

$$防治效果（\%） = \left(1 - \frac{处理组病情指数}{对照组病情指数}\right) \times 100\%$$

方法（数据分析）：试验利用SPSS和Excel软件对不同处理组的测定数据进行分析。

结果与分析：由表2-1可知，就不同处理组对西蓝花根肿病的防治效果而言，处理组1（定植后马上浇灌碱性电解水，然后20天后浇灌第2次）具有最优的防治效果，但与处理组2（定植后20天浇灌碱性电解水，然后20天后浇灌第2次）差异不明显，2个处理组防治效果均在94%以上；处理组1、2的防治效果明显优于其他处理组。处理组3和处理组4之间的差异明显，浇灌碱性电解水的防治效果明显优于浇灌多菌灵的防治效果，浇灌多菌灵的防治效果在70%以下。从试验的结果看，定植后马上浇灌碱性电解水和定植后20天浇灌碱性电解水对西蓝花根肿病具有良好的防治效果。

表2-1　不同处理组防治根肿病效果比较

处理组	病株率 / %	病情指数	防治效果 / %
1	3.3±2.9	1.7±2.1	94.9±6.9
2	3.3±2.9	2.0±2.0	94.1±6.5
3	13.3±2.9	8.0±3.6	77.6±9.1
4	21.7±2.9	13.0±3.5	62.9±10.6
5	51.7±12.6	35.3±5.9	0

试验进一步研究了在大田生产过程中个别西蓝花已明显出现根肿病症状的情况下，灌溉碱性电解水对病害发生的传染阻断作用。试验选择已经明显发生（较为严重）根肿病危害的植株（白天下午萎蔫），并且相邻植株无明显症状的植株为研究对象进行研究（图2-6）。试验设置2个处理组：浇灌碱性电解水的处理组和对照不浇灌碱性电解水的处理组（浇灌清水），每个处理组选择非相邻的10株已明显出现根肿病症状的西蓝花为研究对象。浇灌碱性电解水处理组的处理方式为：碱性电解水10倍稀释备

的生长和根系分泌物的累积有关，也与致病微生物的数量有关。

小结：浇灌电解水来对土传病害进行有效防治为土传病害的防治提供了又一有效途径。相关的研究已经证明：向土壤浇酸性电解水后，蔬菜的立枯病与猝倒病能得到有效控制；浇灌碱性电解水对酸化土壤具有较好的改善作用，并且对如马铃薯粉痂病和十字花科植物根肿病具有较好的防治作用。可以预见，施用电解水在克服重茬的连作障碍和防治土传病害等方面具有巨大的应用前景。

对于西蓝花根肿的防治有几点还是需要注意：一般栽培土壤pH值在7.2以上时西蓝花根肿病不易发生；从大田生产来看，种植水稻后再种植西蓝花，西蓝花根肿病较容易发生（即利用水旱轮作并不是防治西蓝花根肿病的有效措施）；利用碱性电解水来进行根肿病的防治时，一般可配合浇灌或者喷施酸性电解水配制的壳聚糖溶液来进行综合防治。浇灌酸性电解水配制的壳聚糖溶液对土壤微生物结构的影响在后续相关章节有详细的论述。

2.2 碱性电解水的防虫研究

在农业生产过程中，电解水技术对有效防治虫害具有重要的意义。2020年底由全国农业技术推广服务中心发表的2021年农作物病虫害绿色防控重点技术中明确指出：电解水技术在作物病害防治方面具有一定的效果。该信息的发布充分肯定了电解水农业是一项重要的绿色防治技术，对电解水农业技术的推广具有极大的促进作用，深化电解水农业技术的研究对电解水农业技术的推广具有重要意义。在以往的相关研究中少有对直接利用电解水来进行虫害的防治做较系统的研究。本研究以白粉虱为研究对象，对喷施碱性电解水能否进行虫害的防治做探索性的研究。白粉虱，属半翅目粉虱科，是一种世界性害虫，在我国各地均有，是大棚和露天种植作物的重要害虫。

材料：本研究以白粉虱为研究对象，试验在西南科技大学中马绿色种植研究中心示范种植农场的樱桃番茄种植区进行。樱桃番茄品种选择农友种苗（中国）有限公司的凤珠品种（图2-8），该品种口感好具有较高的经济价值。1月20日进行播种，2月15日定植到大田大棚中，大棚宽6 m，高2.5 m，种植密度为每亩3000株左右，前茬为西蓝花。利用电解水农业技术进行高品质樱桃番茄的生产，通过喷施酸性电解水的方式来进行樱桃番茄常见病害的防治，酸性电解水的施用浓度为7倍稀释液，喷施频率为2～3周喷施1次。进行喷施碱性电解水进行白粉虱的防治试验时，樱桃番茄处于收获期。樱桃番茄中部叶片背面栖息有大量包括卵、不同虫龄期的白粉虱幼虫以及成虫。每株番茄上的白粉虱成虫数大于500只，每片中上部叶片上成虫数大于100只。试验所用电解水由四川雄一集团提供，对碱性电解水原液进行10或20倍稀释后施用。

图2-8　樱桃番茄（凤珠品种）

从试验的结果看，喷施碱性电解水原液和10倍稀释液对白粉虱卵和幼虫同样具有很好的杀虫效果；喷施碱性电解水20倍稀释液对白粉虱的卵和幼虫也具有一定的杀虫效果，但杀虫效果不佳。

讨论与结论：在电解水农业技术体系中，碱性电解水常用于提高作物的品质和除农残等方面，在家庭中还可以用于去油污。本研究验证了喷施碱性电解水是否具有杀虫作用。从本研究的结果看，喷施碱性电解水对个体较小的白粉虱具有较好的防治效果，碱性电解水本身无毒，从对白粉虱的快速杀灭效果来看，该杀灭过程为物理作用，应该是碱性电解水堵塞了白粉虱的气孔，但该作用对较大个体的幼虫和成虫没有明显的杀虫作用。在喷施碱性电解水进行虫害的防治时，碱性电解水的浓度需要适当地提高，可以参照10倍稀释进行操作。在电解水农业技术体系中喷施碱性电解水对于虫害的防治还需要结合其他的杀虫方式来进行虫害的有效防控。在实际利用电解水农业技术进行有机蔬菜和绿色蔬菜生产过程中，常结合喷施苦参碱等生物农药一起来进行包括白粉虱等害虫的综合防治，结合喷施白僵菌等生物农药来对菜青虫等虫害进行有效的防治。在电解水农业技术体系中我们重视植物源农药和微生物源等生物农药的施用。

小结：对于利用碱性电解水来进行虫害的防控需要注意：碱性电解水对于白粉虱等小个体虫体具有一定的防虫效果，但在大田生产过程中该措施不应作为一种有效的防虫措施来使用；有观点认为碱性电解水的防虫原理在于碱性电解水对于虫卵的破坏作用；笔者以蚕卵等虫卵为研究对象进行研究，但从笔者所在团队的研究结果来看碱性电解水并未表现出明显破坏虫卵的作用，碱性电解水能杀死白粉虱等小个体虫体，其作用机理应是对其气孔的堵塞作用。

图2-9　碱性电解水对蚕卵的孵化的影响

图2-9为笔者以蚕卵等虫卵为研究对象研究碱性电解水对蚕卵等孵化的影响试验，试验表明喷施碱性电解水并不影响蚕卵等虫卵的孵化，甚至强碱性电解水原液（pH值在13.5左右）也并未表现出破坏虫卵影响孵化的作用。

2.3 电解水与硅肥的混合施用以及硅素蔬菜与还原性蔬菜的生产

硅是植物体组成的重要元素，被国际土壤界列为继氮，磷，钾之后的四大元素，它有利于提高作物的光合作用和叶绿素含量，使茎叶挺直，促进有机物积累，它也可以提高作物对病虫害的抵抗能力，减少病虫害的发生，作物吸收硅后，可在植物体内形成硅化细胞，使茎叶表层细胞壁加厚，角质层增加，形成一个坚固的保护层，使昆虫不易咬动，病菌难以入侵。电解水作为小分子水团具有容易被吸收的特性，因此利用电解水配制溶剂是否能有效地促进溶质的吸收，特别是利用电解水进行有机硅肥叶面肥的配制是否能有效地促进蔬菜对硅的吸收，这些都是值得研究的内容。

在电解水农业技术体系中我们注重硅肥的施用。从西南科技大学电解水农业技术专家团队的研究结果来看，喷施酸性电解水溶解的有机硅肥或者喷施酸性电解水溶解的有机硅肥后再喷施碱性电解水能有效地提高作物硅含量。鉴于硅在植物体内转移能力较差，就决定了在作物的整个生长过程中需要多次喷施才能保证整个植株整体的硅含量水平。就番茄种植过程而言，特别是对于无限生长型番茄而言，一般要求在整个生长过程中喷施3次，特别是在打顶后需要喷施1次，以保证硅的含量水平。在该过程中酸性电解水一般按照10倍稀释后来配制有机硅，有机硅的用量一般在5 mL左右。

鉴于硅肥在作物生长过程中的重要作用，以及硅素对于人体重要的保健意义，西南科技大学电解水农业技术专家团队提出了"硅素蔬菜"这一概念。在电解水农业技术体系中，喷施酸性电解水溶解的有机硅肥或者喷施酸性电解水溶解的有机硅肥后再喷施碱性电解水能有效地提高蔬菜的硅含量，从而通过食用硅素蔬菜的方式来对人类进行硅素的补充。在大田生产过程中一般不建议利用碱性电解水来对无机硅进行配制。

在电解水农业技术体系中，特别是无药电解水农业技术体系中，喷施碱性电解水能有效地促进作物生长、提高作物的产品和提升作物的品质。提高作物品质表现在能有效地提升维生素等抗氧化活性物质的含量，因此西南科技大学电解水农业技术专家团队为利用该系列措施所生产出来的蔬菜命名为"还原性蔬菜"。

由此可见，在电解水农业技术体系中我们重视硅肥的施用，与此同时，提出了"硅素蔬菜"和"还原性蔬菜"两个概念。图2-10为笔者团队实验田中的硅素蔬果及还原性蔬果。

图2-10　实验田中的硅素蔬果及还原性蔬果

2.4　喷施碱性电解水乳化后的植物油的防病防虫和防冻作用

碱性电解水对植物油具有较好的乳化作用，利用碱性电解水来配制植物油可以使植物油较为均匀地分散在碱性电解水水体中。因此，喷施碱性电解水乳化后的植物油能在作物表面形成一层油膜，该成膜作用对作物病害的防治、小虫体的灭杀，以及作物防冻等方面具有积极作用。在实际操作过程中碱性电解水一般对象，在自然气温下探究酸性电解水配制的壳聚糖溶液对蚕生长过程中的影响，以此反映酸性电解水配制的壳聚糖溶液的害虫防治效果。在蚕卵孵化前，将其随机均匀地分为6组，分别为空白对照组、清水对照组、酸性电解水对照组、低浓度酸性电解水配制的壳聚糖溶液处理组、中浓度酸性电解水配制的壳聚糖溶液处理组和高浓度酸性电解水配制的壳聚糖溶液处理组。空白对照组蚕卵保持自然状况，不另外喷洒液体，以观察自然条件下蚕卵的孵化情况；清水对照组向养殖盒中喷洒清水，以观察蚕卵在湿度较高环境下的孵化情况，酸性电解水对照组仅按电解水农业技术要求喷施10倍稀释的酸性电解水，以观察酸性电解水对蚕卵孵化的影响；而低、中、高浓度酸性电解水配制的壳聚糖溶液处理组则分别喷施0.1 g/L、0.2 g/L、0.4 g/L浓度的酸性电解水配制的壳聚糖溶液，以探究不同浓度处理对蚕卵孵化的影响。在空白对照组蚕卵孵化后，记录不同影响下的蚕卵孵化情况，而后除空白对照组外，其他对照和处理组再分为喷洒后干燥投料和投料后统一喷洒两种情况，即空白对照组、前喷洒清水对照组、后喷洒清水对照组、前喷洒酸性电解水对照组、后喷洒酸性电解水对照组、前喷洒低浓度酸性电解水配制的壳聚糖溶液处理组、后喷洒低浓度酸性电解水配制的壳聚糖溶液处理组、前喷洒中浓度酸性电解水配制的壳聚糖溶液处理组、后喷洒中浓度酸性电解水配制的壳聚糖溶液处理组、前喷洒高浓度酸性电解水配制的壳聚糖溶液处理组和后喷洒高浓度酸性电解水配制的壳聚糖溶液处理组，共计11种情况，以此探究清水、酸性电解水以及不同浓度酸性电解水配制的壳聚糖溶液对蚕幼虫期的生长影响。在处理方法上，对所有试验组的蚕进行了定期的溶液喷施。喷施过程中，严格控制了喷施量、喷施时间和喷施频率，确保每组试验对象接受的酸性电解水配制的壳聚糖溶液量相同。

综上所述，通过本试验探究了喷施酸性电解水配制的壳聚糖溶液对植物虫害的防治效果。在试验过程中，严格控制了试验条件和处理方法，确保了结果的准确性和可靠性。笔者希望通过本次试验的研究结果，为农业虫害防治提供新的思路和方法。

在本研究中，为了全面评估喷施酸性电解水配制的壳聚糖溶液对植物虫害的防治效果，精心设计了试验方案。首先，在第一部分的试验中，设置了对照组和试验组。对照组采用常规农业管理措施，不进行壳聚糖溶液的处理，以便与试验组形成鲜明对比，同时为了准确反映利用酸性电解水配制的壳聚糖溶液的处理的效果，还设计了仅使用以溶解壳聚糖的载体溶液——酸性电解水的处理组用以对照。试验组则按照预设的壳聚糖浓度和处理频率进行喷施处理。

在处理方法上，选用了酸性电解水作为溶剂来溶解壳聚糖。这种处理方法有助于壳聚糖的溶解，并可能促进其与植物表面的相互作用。在试验过程中，严格控制了其他可能影响试验结果的变量，如光照、温度、湿度和土壤条件等。这些措施有助于确保试验结果的准确性和可重复性，为后续的数据收集和分析奠定了坚实的基础。

而在第二部分的试验中，分蚕卵孵化前和蚕卵孵化后两个时期，分阶段研究酸性电解水配制的壳聚糖溶液对蚕孵化和生长两个方面的影响。试验中为了反映喷洒行为本身对蚕生长的影响，在蚕孵化后将所有处理组都分为前处理和后处理两种情况并进行分组观察。

在试验过程中，严格控制了其他可能影响试验结果的变量，如光照、温度、投料量等条件。这些措施有助于确保试验结果的

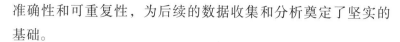

准确性和可重复性，为后续的数据收集和分析奠定了坚实的基础。

2. 试验实施

（1）大田生产中对蚜虫的防治作用——田间试验部分。从萝卜发芽开始，每日按试验要求定时定量喷洒试剂。所有处理组萝卜都发生蚜虫病害，并且在使用酸性电解水配制的壳聚糖溶液喷施处理的情况下，仍然表现出与空白处理相同的现象，随着时间的推移蚜虫数量快速增加，单个萝卜植株上蚜虫数量在100只以上。多日喷洒后植株表面仍然可以观察到大量蚜虫聚集，从观察结果来看，喷施酸性电解水配制的壳聚糖溶液并未表现出对蚜虫的防治效果。

（2）在大田中，即使喷施酸性电解水配制的壳聚糖溶液，虫害仍然发生。虫害出现后，经过连续几日的喷施酸性电解水配制的壳聚糖溶液，植株表面依然有大量蚜虫，植株被啃食情况严重，表明喷施酸性电解水配制的壳聚糖溶液后没有明显的防虫效果。蚜虫啃食情况如图2-11所示，蚜虫数量统计见表2-5所列。根据李浙江等人的研究，含壳聚糖的溶液在喷施后会被植物吸收，并被转化为几丁质脱乙酰化酶，在被昆虫食用后，会分解昆虫内壁的几丁质壳素酶，从而破坏生物膜，或者壳聚糖诱导植物产生几丁质酶导致昆虫死亡。然而在观察蚜虫时发现，尽管蚜虫大量地食用了喷施含壳聚糖溶液的植物，却依然没有死亡。这一现象的发生可能是由于蚜虫在体内和体表分泌了蜡，体表的蜡粉、蜡丝覆盖了虫体，隔绝了几丁质酶，从而防止蚜虫表面几丁质降解；体内由于蜡的存在几丁质壳素酶难以发挥作用。

图2-11　蚜虫啃食萝卜叶片的情况

表2-5　各处理组萝卜叶片上蚜虫数量

处理组	空白	酸性	低浓度	中浓度	高浓度
蚜虫数量/只	++	++	++	++	++

注：单株萝卜上蚜虫数量大于50小于100记"+"，数量大于100记"++"；处理组中酸性表示喷施酸性电解水，低浓度、高浓度表明低、中、高浓度的酸性电解水配制的壳聚糖溶液。

（3）以蚕（蚕卵）为研究对象来确认喷施酸性电解水配制的壳聚糖溶液对蚕的孵化的影响。

试验从4月2日开始，气温在24～26 ℃浮动，在严格按照试验设计的操作下，5天后蚕卵连续开始孵化，3天后，各处理组投入的20枚蚕卵全部孵化完毕。未见酸性电解水水及酸性电解水配制的壳聚糖溶液对蚕卵孵化有明显的抑制作用。

在幼虫期，每日完成既定处理后1 h观察养殖盒，并在第2日投喂时观察旧投料及幼虫生长状况。在投入桑叶后1 h，所有处理组投入的桑叶均出现啃食痕迹，相较于前处理组，后处理组的桑叶啃食情况较轻。在第2日回收上次投料时可以明显看出前处理组的桑叶总啃食量较后处理组低。前处理组回收的投料状况呈现出干枯、脆硬的物理特征，而后处理组回收的投料表现仍保有水分，触感柔软光滑。在每日清理中可以明显看到，前处理组养殖盒内环境干燥，粪便颗粒干燥易清理，后处理组养殖盒表面有明显的水雾，盒中粪便较为湿润，黏附在盒底。从幼虫的体型看前处理组的生长速率要略低于后处理组，而不同酸性电解水配制的壳聚糖溶液浓度间未见明显差距。5月7日，从孵化开始算正好30天，开始出现停食，此后所有处理组均出现结茧现象。

就观察情况可以得出，使用酸性电解水及酸性电解水配制的壳聚糖溶液不会对蚕卵孵化盒中蚕的生长产生明显影响。试验中前期出现前处理组生长较缓的情况，可能是由于后处理组喷施的溶液导致盒内湿度高从而使桑叶枯萎速率较前处理组慢，在同等时间内幼虫食用的桑叶量更多导致生长更快。从试验中期开始，即蚕达到二龄后，进食速率明显加快，桑叶在枯萎前基本被啃食殆尽，前后处理间区别逐渐减小。

（4）在蚕的生长过程中喷施酸性电解水配制的壳聚糖溶液以研究此阶段对蚕生长的抑制及灭杀作用。

在蚕养殖试验的第一阶段，在同气温下对不同处理组处理5日后，蚕卵开始孵化。以不做任何处理的空白组为对照组，喷洒水为处理组1，喷洒酸性电解水为处理组2，0.1 g/L壳聚糖酸性电解水为处理组3，0.2 g/L壳聚糖酸性电解水为处理组4，0.4 g/L壳聚糖酸性电解水为处理组5。根据观察结果发现，从第一只虫卵孵化开始，3日后全部虫卵孵化完毕，说明酸性电解水配制的壳聚糖溶液不能抑制蚕卵的孵化。孵化数量统计单位为只（表2-6），孵化趋势如图2-12所示。

表2-6　各处理组中蚕卵的孵化情况

时间/天	1	2	3
空白对照组	5	16	20
处理组1/只	6	13	20
处理组2/只	2	10	20
处理组3/只	3	14	20
处理组4/只	5	10	20
处理组5/只	2	18	20

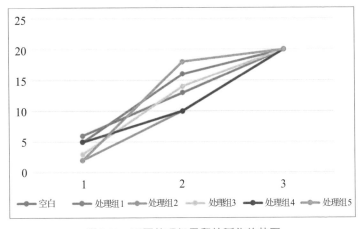

图2-12　不同处理组蚕卵的孵化趋势图

　　就酸性电解水配制的壳聚糖溶液对不同蚕龄的蚕是否具有灭杀作用，进行第二阶段试验。在蚕养殖试验的第二阶段，对不同处理组中各生长阶段的蚕样本的体长进行随机抽样统计（表2-7），蚕体长以毫米为单位，以不做任何处理的空白组为对照组，在投入桑叶的同时喷洒水为处理组1，将投喂喷洒清水处理后晾干的桑叶为处理组2，投入桑叶的同时喷洒酸性电解水为处理组3，投喂酸性电解水处理后晾干的桑叶为处理组4，投喂桑

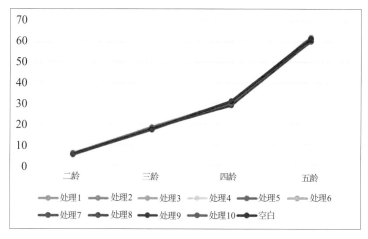

图 2-13　不同处理组的生长趋势图

由 SPSS 软件分析可知，在四个生长阶段内，通过独立样本 T 检验对比不同处理组与空白对照组的差异，在二龄期显著性为 0.673、0.762、0.104、0.796、0.290、0.651、0.360、0.351、0.605、0.040，除喷洒 0.4 g/L 壳聚糖酸性电解水组外，其余都大于 0.05，效果不显著。单独对比喷洒 0.4 g/L 壳聚糖酸性电解水组和同处理烘干组的差异性为 0.175，即在蚕二龄期使用酸性电解水配制的壳聚糖溶液对蚕生长抑制并没有显著效果。而在三龄期显著性结果为 0.724、0.409、0.275、0.683、0.522、0.493、0.475、0.522、0.665、0.788，均大于 0.05。各种处理组中相较于正常养殖差异性不显著，在与喷洒 0.4 g/L 壳聚糖酸性电解水组的对比中也没有再次表现出显著性差异。在四龄期显著性结果为 0.436、0.752、0.241、0.486、0.798、0.334、0.468、0.284、0.106、0.202，五龄期显著性结果为 0.107、0.352、0.281、0.692、0.770、0.594、0.592、0.213、0.430、0.894，全部结果都大于

0.05。因此可以得出结论，电解水、酸性电解水配制的壳聚糖溶液对蚕的生长没有显著性影响。

在试验前中期观察到烘干处理组相较于直接喷洒组生长较慢，因此对相同生长阶段的蚕以体长为对比标准，在相同壳聚糖酸性电解水浓度处理组间，比较两种处理方式对蚕生长的影响是否具有显著性差异。在使用清水处理的两组中蚕的生长发现，两组在二龄、三龄、四龄、五龄的显著性为0.960、0.324、0.579、0.653，四个阶段的对比结果均大于0.05，说明在使用水处理中烘干和直接喷洒没有显著性差异。而在电解水组中采用同样对比得到0.253、0.624、0.728、0.643，说明电解水的两种操作方式对蚕的生长没有显著性影响。在使用酸性电解水配制的壳聚糖溶液的组别中分析，使用0.1 g/L壳聚糖酸性电解水组为0.018、0.948、0.370、0.850，使用0.2 g/L壳聚糖酸性电解水组为0.162、0.832、0.654、0.462，使用0.4 g/L壳聚糖酸性电解水组为0.175、0.874、0.011、0.560。从结果看，在使用0.1 g/L壳聚糖酸性电解水组在二龄期的抽样样本体长和使用0.4 g/L壳聚糖酸性电解水组在四龄期对比的值要低于0.05，表现出了显著性差异，但在进入下一个生长阶段对比显著性得到的值均高于0.05，从总体看两种操作方式对蚕的生长的影响没有显著性差异。

从试验的结果看，喷施酸性电解水配制的壳聚糖溶液对蚕没有明显的防治作用，蚕的正常生长没有受到影响。这一现象与张宓的结论相悖，在其实验中对棉铃虫和小菜蛾进行壳聚糖酸性电解水带叶喷施操作72 h分别表现出40%和72%的死亡率，而在本试验中并未表现出同样的防治效果。有报道指出对植物喷施酸性电解水配制的壳聚糖溶液，会在植物的表面形成一层膜，以阻止昆虫的啃食，而直接对昆虫喷施的酸性电解水配制的壳聚糖溶液，会通过昆虫对溶液的摄入，在昆虫体内析出堵塞昆虫的呼吸和消化系统的物质，从而导致昆虫死亡。但在实际的观察中并未出现这样的现象，可能是含壳聚糖的酸性电解水在植物表面形成的膜致密性和强度不足以阻止昆虫的啃食，进入昆虫体内的壳聚糖颗粒直径较小，难以造成昆虫呼吸和消化系统的阻塞，从而导致其死亡。笔者团队在使用电解水在农业生产中的应用已经做了长期和深入的研究，对酸性电解水及酸性电解水配制的壳聚糖溶液在改善土壤微生物群落和防治土传病害方面，已经搭建起系统的电解水农业方法，酸性电解水配制的壳聚糖溶液的植物虫害防治研究是对电解水农业技术体系的进一步丰富和完善。

笔者团队对喷施酸性电解水配制的壳聚糖溶液的防虫作用做了较为系统的研究，从试验的结果得出如下几点结论。

（1）对大田中的萝卜植株喷施酸性电解水配制的壳聚糖溶液，并没有阻止蚜虫病害的发生。

（2）对已发生虫害的萝卜植株，持续喷施酸性电解水配制的壳聚糖溶液，没有遏制虫害的蔓延。

（3）喷施酸性电解水配制的壳聚糖溶液对蚕卵的孵化没有显著性影响。

（4）在蚕的生长过程中喷施酸性电解水配制的壳聚糖溶液，没有表现出抑制蚕生长和导致其死亡的现象，即喷施酸性电解水配制的壳聚糖溶液对蚕没有灭杀能力。

（5）使用干燥投喂和直接喷洒投喂两种处理方法，对蚕的生长状况没有显著性影响。

结合两组试验的实际情况，可以发现这种联合处理方法并没有展现出试验预期的结果。酸性电解水配制的壳聚糖溶液没有展现出 Sabbour M. M.在其研究中提到的壳聚糖对蝗虫的灭杀效果。这样的差异可能是由于鳞翅目、直翅目和半翅目的昆虫在进食方法和体内细菌环境之间存在某种差异导致的。但是本次研究也为电解水农业技术上使用酸性电解水配制的壳聚糖溶液对植物虫害防治的作用给出了明确的答案，填补了此前的空白，说明壳聚糖本身并不具有明确的杀虫效果。

在未来的农业生产中，可以进一步研究将壳聚糖作为一种载体物质与其他农业技术相结合在植物保护方面提供新的解决方案，形成综合配套的农业生产体系，为推动农业的绿色可持续发展作出贡献。

2.5.3 喷施酸性电解水配制的壳聚糖溶液在农产品保鲜上的应用

酸性电解水与壳聚糖本身都具有较好的杀菌效果，所以它们在农产品保鲜方面具有重要的作用，并且壳聚糖在酸性条件下的杀菌能力更强。喷施溶解了壳聚糖的酸性电解水在农产品表面具有成膜作用，与此同时壳聚糖对环境中的微生物结构也会产生影响。因此，喷施酸性电解水或者酸性电解水配制的壳聚糖溶液已成为农产品保鲜的一个重要措施。

2.5.4 浇灌酸性电解水配制的壳聚糖溶液对枯萎病等土传病害的防治效果研究

茄子枯萎病是茄子生产过程中的重要病害，近年来在茄子产区多有发生，严重阻碍了茄子生产的顺利进行，导致很多产区的耕地不适宜种植茄子或者不得不选择种植成本更高的茄子嫁接苗来进行生产。茄子枯萎病是由尖镰孢菌茄专化型引起的主要为害根茎部的真菌病害。苗期和成株期均可发病。成株期根茎染病，表现过程是初始植株叶片中午呈萎蔫下垂，早晚又恢复正常，反复数天后，逐渐遍及整株叶片萎蔫下垂，叶片不再复原。该病害病部的主要表现为维管束褐化。茄子枯萎病是危害茄子的主要土传病害之一，分布范围极广，发病后较难控制。茄子枯萎病的防治方法以农业防治和化学防治为主。农业防治主要有清洁田园，及时清除病株、合理轮作和注重微生物菌肥的施用；化学防治可选择乙蒜素或者铜制剂等药剂来进行防治。从大田生产的实践来看，当病害发生后，对于该病害的有效防治较难。

电解水农业技术的使用能有效地提高农作物的品质和减少化学农药的施用量。本文将基于电解水农业技术体系的茄子生产过程中对枯萎病的防治进行阐述。基于电解水农业技术体系的对茄子生产过程中的枯萎病的防治可以总结为六个字，即"一杀、二培、三促"，具体的阐述如下。

1. 一杀——杀灭病原微生物

一杀，指利用乙蒜素、酸性电解水或者酸性电解水配制的壳聚糖溶液杀灭枯萎病的致病微生物。乙蒜素是我国自行研制开发的一种广谱杀菌剂，其具有高效的杀菌功效，对作物常见的细菌和真菌病害具有较好的防治效果。一般可以选用80%含量的乙蒜素，稀释1500～2000倍喷施，间隔1周再喷施1次，连续喷施2～3次（第1次喷施时间为4月20日）。乙蒜素施用时气味较浓，酸性电解水或者酸性电解水配制的壳聚糖溶液则无毒无味；酸性电解水作用时间短且无残留。对于酸性电解水而言一般认为添加其他物质（特别是有机物质）会在一定程度上降低酸性电解水的杀菌效果，因此在本过程中为体现短时间较优的杀菌效果可选择直接施用酸性电解水，但后续操作需要再次喷施酸性电解水溶解的壳聚糖，以实现最优的综合作用效果。在春季大田茄子的生产过程中，一般在4月中下旬（成株期）需要特别注意茄子枯萎病的防治，在本次生产过程中针对枯萎病防治的第1次喷施时间为4月20日，酸性电解水为7倍稀释液，间隔1周再喷施1次，连续喷施2次。单独喷施酸性电解水，酸性电解水一般参照5～10倍进行稀释；喷施溶解有壳聚糖的酸性电解水，酸性电解水一般参照10～15倍进行稀释。本研究在电解水农业技术应用示范农场（四川绵阳）中进行，所选用的酸性电解水为雄一酸性电解水，原液pH为1.50左右。

2. 二培——培育有益微生物

二培，指喷施溶解有壳聚糖的酸性电解水，壳聚糖的用量可参照0.1%，酸性电解水为10倍稀释液，pH为2.8左右。pH值与壳聚糖的抑菌活性直接相关，其活性随着pH值的降低不断增强。喷施酸性电解水配制的壳聚糖溶液的作用体现在：酸性电解水具有进一步的杀菌作用。壳聚糖在农业生产中的作用较为广泛，在此主要是杀菌和诱发作物自身的防卫反应，提高作物抗性作用，施用壳聚糖能有效地培育栽培土壤中的放线菌，通过激活和增加土壤中的放线菌数量来有效地提高栽培土壤的抑菌活性，从而达到对枯萎病等土传病害的防治。在大田生产过程中，该措施一般要求连续喷施2～3次，间隔时间按照防病间隔2周，病害发生后的防治间隔1周处理。针对枯萎病的防治，喷施溶解有壳聚糖的酸性电解水的时间一般在成株期，但该措施可以提前实施，即在定植到大田后1周就可以实施，连续喷施2～3次，每2周1次。

3. 三促——促进有益微生物的生长和根系的恢复

三促，指喷施含氨基酸等营养生根液，连续喷施2次，每周1次，通过该措施来促进根系恢复和进一步促进有益微生物菌群的作用。此过程中选用15倍稀释的酸性电解水来进行营养生根液的配制，从大田实际生产过程来看，利用电解水来进行营养液的配制具有增效作用。在茄子生长的整个过程中，需要注意水肥比碱性电解水具有更好的杀菌效果。壳聚糖为天然多糖甲壳素脱除部分乙酰基的产物，具有生物降解性、生物相容性、无毒性、抑菌、抗癌、降脂、增强免疫等多种生理功能，其溶解性和氨基质子化程度与酸碱度直接相关。酸性条件时，其抑菌活性和氨基质子化程度均随pH值的降低而增强。壳聚糖对细菌、真菌和病毒具有较好的抑制效果，可作为抗生素和抗菌药物等。壳聚糖因特殊的结构，能抑制细菌、病毒和霉菌等的生长繁殖，具有抗菌、抑菌、增强免疫力的作用。在农业中，壳聚糖可作为植物病害诱抗剂、植物病原菌抑制剂、杀虫剂、土壤改良剂等。

因此，西南科技大学电解水农业技术研发与应用推广专家团队结合酸性电解水和壳聚糖的特性开发出全新的土壤处理技术：通过喷施（或浇灌）酸性电解水配制的壳聚糖溶液对常见土传病害进行防治。大量大田生产实践已经证明该措施的有效性。本研究旨在探究喷施酸性电解水配制的壳聚糖溶液对土壤微生物结构的影响，以期为该措施的应用提供一定的理论支持。

试验材料：茄子为常规种植品种万吨茄，茄子苗购买于绵阳农贸批发市场。强酸性电解水由四川雄一集团提供，pH=1.5±0.2；酸溶性壳聚糖为山东卫康生物医药科技有限公司生产。本研究在电解水农业技术应用示范农场进行，位于四川省绵阳市游仙区石马镇横山村。

试验方法：本试验共设置3个处理组：喷施清水（A），喷施酸性电解水（B），喷施酸性电解水配制的壳聚糖溶液（C）。试验时间为2022年7—11月，大田种植，每行种植30株，共14行。最外2行为保护行，各选2行茄子喷施酸性电解水、酸性电解水配制的壳聚糖溶液、清水，两处理组间间隔2行。壳聚糖用量为0.01%（即每10 L稀释后的酸性电解水中加1 g壳聚糖），酸性电解水稀释 10 倍，pH≈2.8。喷施方法：茄子栽植第 10 天，喷施第 1 次，花期喷施第 2 次，采收期喷施第 3 次。于采收期喷施 1 天后，使用灭菌勺子收集作物根际土壤，保存于灭菌后的塑料管，并在冰袋保护下迅速送至第三方检测公司（上海美吉生物医药科技有限公司）进行土壤微生物结构多样性检测。每处理组取 3 个重复样本。

数据处理方法：采用 Wilcoxon 秩和检验（Wilcoxon rank-sum test）和克氏秩和检验（Kruskal-Wallis H test）。

结果与分析：主要分析细菌结构的变化。本研究首先对不同处理组栽培土壤中细菌结构的变化进行了分析。由表 2-9 可知，在 A、B、C 3 个样本组中，变形杆菌门的平均相对丰度分别为 47.830%、36.700% 和 37.270%；放线菌门的平均相对丰度分别为 19.040%、15.290% 和 21.260%；绿弯菌门的平均相对分别为 5.025%、9.902% 和 14.710%；厚壁菌门的平均相对丰度分别为 6.797%、10.630% 和 6.046%；酸杆菌门的平均相对丰度分别为 4.150%、5.965% 和 4.676%；拟杆菌门的平均相对丰度分别为 5.225%、5.048% 和 4.305%。表 2-9 中 6 种物种所对应的 P 值有部分小于 0.05，这表明 3 个样本间的细菌丰度存在差异显著性，但 B、C 间的 P 值都不小于 0.05，说明这两组样本差异不显著。变形杆菌门常为条件致病菌，在土壤、污水和垃圾中可检测出，亦可寄生于人和动物的肠道，食品受其污染的概率很大。放线菌能促进根际土壤有益微生物的活动，分泌的抗菌素能抑制某些有害微生物的生长，可有效防治作物病害。只施用酸性电解水会使放线菌减少，但加入壳聚糖后会使放线菌少量增加。绿弯菌为自养型细菌，即便平均相对丰度上升，对其他细菌的影响也不大。

表2-9   组间细菌差异检验统计

物种	平均相对丰度/%				P(B−C)
	A	B	C	P	
变形杆菌门	47.830	36.700	37.270	0.06646	1.00000
放线菌门	19.040	15.290	21.260	0.07939	0.08086
绿弯菌	5.025	9.902	14.710	0.02732	0.08086
厚壁菌门	6.797	10.630	6.046	0.05091	0.08086
酸杆菌门	4.150	5.965	4.676	0.56110	0.66250
拟杆菌门	5.225	5.048	4.305	0.09915	0.08086

真菌结构的变化见表2-10所列，A、B、C的子囊菌门的平均相对丰度分别为61.150%、68.740%和84.400%，具有明显差异；被孢霉门的平均相对丰度分别为17.110%、9.421%和9.009%；未被分类的真菌的平均相对丰度分别是18.210%、1.917%和2.488%；罗兹菌门的平均相对丰度分别为1.255%、18.770%和1.442%；担子菌门的平均相对丰度分别为1.347%、1.010%和1.991%；壶菌门的平均相对丰度分别为0.899%、0.127%和0.595%。根据3个样本中这6种物种的平均相对丰度来看，A、B、C间呈现出一定程度的差异。上述结果表明，A、B、C 3个样本中的物种比例存在差异。酸性电解水配制的壳聚糖溶液和酸性电解水对土壤真菌群落的组成结构产生了一定的影响。土壤腐生真菌群落主要由子囊菌门和担子菌门组成，它们在降解有机物方面起着重要作用。子囊菌门寄生或腐生，有如对人类生活非常重要的酵母菌、青霉菌、羊肚菌等。而某些特定的被孢霉菌对土壤养分转化具有重要影响。从上述数据可知，施用酸性电解水配制的壳聚糖溶液后，子囊菌门明显增加，被孢霉门明显减少，说明对这两种真菌施用酸性电解水配制的壳聚糖溶液能使自身降解能力得到提升，而养分转化效率降低。

表2-10　组间真菌差异检验统计

物种	平均相对丰度 / %				P(B-C)
	A	B	C	P	
子囊菌门	61.150	68.740	84.400	0.1767	0.1904
被孢霉门	17.110	9.421	9.009	0.7326	0.0808
未被分类的真菌	18.210	1.917	2.488	0.0581	0.6625
罗兹菌门	1.255	18.770	1.442	0.0664	0.1904
担子菌门	1.347	1.010	1.991	0.1479	0.0808
壶菌门	0.899	0.127	0.595	0.1931	0.0808

讨论与结论：本研究结果表明，施用酸性电解水及酸性电解水配制的壳聚糖溶液会对土壤微生物的种类、数量产生影响，从而使土壤微生物的结构产生变化。施用酸性电解水配制的壳聚糖溶液后，子囊菌门会增加，被孢霉门会减少，说明其降解能力得到提升，但养分转化效率降低；喷施酸性电解水配制的壳聚糖溶液对放线菌的数量有提升作用说明抑制有害微生物生长能力提升；变形杆菌门的平均相对丰度下降，说明喷施酸性电解水或酸性电解水配制的壳聚糖溶液可以减少变形杆菌的感染。综上所述，施用酸性电解水配制的壳聚糖溶液会使有益菌数量增加，有害菌群减少。可为喷施酸性电解水配制的壳聚糖溶液在电解水农业技术体系中病害的防治提供一定的理论支持。本研究中各处理组微生物结构的差异不显著，这可能与本次试验为第1次喷施酸性电解水和酸性电解水配制的壳聚糖溶液有关。课题组将进行长期定位试验，进一步研究喷施酸性电解水配制的壳聚糖溶液对土壤中微生物结构的影响。

2.6 使用电解水对蔬菜吸收土壤中重金属的影响

2.6.1 喷施模式下对蔬菜重金属含量的影响

在生产过程中酸性电解水和碱性电解水的使用途径主要包括喷施和灌溉。喷施本身因为用量较少，加之酸性电解水和碱性电解水交替使用，所以其对土壤的pH无明显影响。栽培土壤中重金属的活性与栽培土壤的pH息息相关，因此在电解水农业技术体系中，喷施电解水并不会对蔬菜重金属的含量变化产生明显的影响。该部分相关内容可以参考笔者在《电解水农业技术应用指导》一书中相关章节的论述。

2.6.2 浇灌模式下对蔬菜重金属含量的影响

浇灌酸性电解水配制的壳聚糖溶液或者浇灌碱性电解水是电解水农业技术体系中对于土传病害防治的重要措施。在前面相关章节笔者较为详细地阐述了浇灌酸性电解水配制的壳聚糖溶液对茄科作物青枯病和枯萎病等的防治，浇灌碱性电解水对十字花科作物的根肿病的防治。西南科技大学电解水农业技术专家团队在电解水农业相关专栏文章进一步阐述了利用浇灌酸性电解水或者碱性电解水对栽培土壤pH的影响，指出了浇灌酸性电解水和碱性电解水能有效调节栽培土壤的pH值，但碱性电解水的作用较酸性电解水的作用更稳定。浇灌碱性电解水对提升栽培土壤的pH值作用能维持较长时间；而浇灌酸性电解水，栽培土壤的pH值会在较短时间恢复到处理前。作物的生长以及土壤中重金属的活性都与土壤的pH值息息相关，鉴于此我们有必要对测定利用电解水进行栽培土壤pH调节对农产品的重金属含量是否有影响，以评价该措施的安全性。

试验材料：参试农作物为西蓝花，品种为青云，购于四川绵阳龙门农资批发市场。电解水由四川雄一集团提供。酸性电解水 pH=3.0±0.2，碱性电解水 pH=12.0±0.2。酸溶性壳聚糖为山东卫康生物医药科技有限公司生产。壳聚糖用量为 0.01%（即每 10 L 的酸性电解水中加 1 g 壳聚糖），试验在四川利他利安绿色种植示范农场（电解水农业技术应用示范农场）中进行，该参试农场位于四川省绵阳市游仙区石马镇横山村。

试验方法：本试验于 2023 年 10 月至 2024 年 1 月进行，试验设置了 4 个处理组：处理组 1，浇灌酸性电解水配制的壳聚糖溶液；处理组 2，浇灌碱性电解水；处理组 3，先浇灌酸性电解水再浇灌碱性电解水；处理组 4，浇灌清水作为对照组。每个处理组做 3 个重复，试验区域面积为 40 m²。

本研究旨在对比 4 个处理组中西蓝花的重金属含量。4 个处理组的具体操作如下：处理组 1，酸性电解水配制的壳聚糖溶液浇灌 2 次，包括定植后 1 周内浇灌 1 次，一个月左右浇灌第 2 次；处理组 2，碱性电解水浇灌 2 次，包括定植后 1 周内浇灌 1 次，1 个月左右浇灌第二次；处理组 3，先浇灌酸性电解水配制的壳聚糖溶液后浇灌碱性电解水，定植 2~3 天浇灌酸性电解水配制的壳聚糖溶液，定植 3~6 天后浇灌碱性电解水，1 个月左右再浇灌 1 次碱性电解水；处理组 4，浇灌清水作为对照组。碱性电解水用 pH=12.0±0.2 的处理液，酸性电解水用 pH=3.0±0.2 的处理液。西蓝花定植时间为 10 月 2 日，第 1 次处理时间为 10 月 3 日。其中，处理组 3 中第 1 次浇灌酸性电解水配制的壳聚糖溶液的时间为 10 月 3 日，浇灌碱性电解水的时间为 10 月 6 日。整体第 2 次处理时间为 11 月 2 日。每次每株浇灌的处理液为 0.1 L。

本研究取样时间为 2024 年 1 月 19 日，随机取不同处理组的西蓝花样本，每个处理组做 2 个重复。样本自然风干后送第三方检测机构（青岛斯坦德衡立环境技术研究院有限公司）进行西蓝花中铬、铜、硒、砷、镉和铅含量的检测。

数据分析：试验利用SPSS和Excel软件对不同处理组的测定数据进行分析。

结果与分析：本研究共4个处理组，不同处理组西蓝花样本中重金属铬（Cr）、铜（Cu）、硒（Se）、砷（As）、镉（Cd）和铅（Pb）含量见表2-11所列。

表2-11 不同处理组西蓝花样本中重金属的含量

重金属	处理组1 / mg·kg^{-1}	处理组2 / mg·kg^{-1}	处理组3 / mg·kg^{-1}	处理组4 / mg·kg^{-1}
Cr	0.891±0.007	0.658±0.005	0.0992±0.011	1.040±0.057
Cu	3.285±0.205	3.190±0.014	3.545±0.304	3.485±0.417
Se	0.035±0.003	0.044±0.005	0.048±0.002	0.051±0.000
As	0.036±0.002	0.023±0.004	0.024±0.003	0.030±0.000
Cd	0.113±0.013	0.085±0.000	0.090±0.003	0.091±0.002
Pb	0.077±0.004	0.073±0.003	0.083±0.002	0.093±0.000

浇灌酸性电解水配制的壳聚糖溶液处理组（处理组1）、浇灌碱性电解水处理组（处理组2）、浇灌酸性电解水配制的壳聚糖溶液和浇灌碱性电解水综合处理组（处理组3）相较于对照处理组（处理组4）重金属含量的比较关系见表2-12所列。

表2-12 处理组1、处理组2、处理组3中重金属含量与处理组4的比较

重金属	处理组1/%	处理组2/%	处理组3/%	处理组4/%
Cr	−14.33%	−36.78%	−4.62%	
Cu	−5.74%	−8.46%	1.72%	
Se	−31.37%	−13.73%	−5.88%	
As	20.00%	−23.33%	−20.00%	
Cd	24.18%	−6.60%	−1.10%	
Pb	−20.77%	−21.51%	−10.75%	

进一步利用SPSS软件对不同处理组中各种重金属含量进行差异显著性分析。对于重金属Cr而言，对照组（处理组4）含量最高；处理组1和处理组2与对照处理组4差异显著；处理3与对照处理组4差异不显著；处理组2含量最低，显著低于其他处理组。对于重金属Cu而言，处理组3含量最高，处理组4次之，各个处理组之间差异不显著。对于重金属Se而言，处理组4含量最高，其次是处理组3，处理组1和处理组3、4差异显著，而处理组2同其他3个处理组均差异不显著。对于重金属As而言，处理组1与处理组2、处理组3之间差异显著，与处理4差异不显著。对于重金属Cd而言，处理组1含量最高，其次是对照，且处理组1显著高于其他3组，但除处理组1外的3组间差异不显著。对于重金属Pb而言，处理组4含量最高，且显著高于其他3组，但除处理组4外的3组间差异不显著。

结论与讨论：从试验的检测结果看，浇灌酸性电解水配制的壳聚糖溶液降低了西蓝花对重金属Cr、Cu、Se和Pb的吸收，促进了西蓝花对重金属As和Cd的吸收；浇灌碱性电解水均表现出降低西蓝花对重金属Cr、Cu、Se、As、Cd和Pb的吸收，降低率分别为36.78%、8.46%、13.73%、23.33%、6.60%和21.51%；浇灌酸性电解水配制的壳聚糖溶液和浇灌碱性电解水混合处理组除重金属Cu外均降低了其他5种重金属的吸收。整体而言，在西蓝花生产过程中，浇灌酸性电解水配制的壳聚糖溶液、浇灌碱性电解水和酸碱混合处理的电解水均表现出较好的降低西蓝花中重金属含量的特性，特别是浇灌碱性电解水对降低西蓝花重金属的含量作用明显。

浇灌酸性电解水配制的壳聚糖溶液或者碱性电解水对于西蓝花吸收重金属的作用与浇灌酸性电解水或者碱性电解水对栽

培土壤pH的影响息息相关。单次浇灌碱性电解水对提升栽培土壤pH的作用能维持较长时间；单次浇灌酸性电解水，栽培土壤pH会在较短时间恢复到处理前。碱性电解水具有较好的提升栽培土壤pH的作用，而重金属在土壤中的活性随着栽培土壤pH的升高而降低，因此浇灌碱性电解水表现出降低西蓝花重金属含量的特性。浇灌酸性电解水配制的壳聚糖溶液或者浇灌碱性电解水是电解水农业技术体系中对于土传病害防治的重要措施。从对重金属吸收的影响而言，该两项措施都是较为安全的措施。

2.7 使用电解水农业技术来提高农产品品质与产量

使用电解水农业技术能有效的提高农产品的品质和产量，同时也能促进农产品提前成熟和延长其整个生长期等。在电解水农业技术体系中该作用主要体现在多个方面：喷施酸性电解水、酸性电解水与硅肥或壳聚糖联合施用对相关病害具有较好的防治作用；喷施或者浇灌碱性电解水对相关的土传病害具有较好的防治，同时也能有效地降低农产品中重金属的含量；喷施碱性电解水具有较好的除农残作用；等等。

2.8 浇灌酸性电解水或者碱性电解水对栽培土壤pH的影响

大田生产过程中，栽培土壤的酸碱度是农业一线生产者普遍关注的指标，栽培土壤的酸碱度直接或间接影响作物的生长和一些病虫害的发生。一般认为，不合适的酸碱度一方面存在减少土壤养分有效性的风险，另一方面会影响土壤中微生物的结构与活性。绝大多数大田作物都有较宽的生长pH范围，但各种作物都有自己最适合的生长pH。就笔者20多年的生产经验而言，对土壤pH的关注主要体现在两个方面，即影响作物的生长和土传病害的发生。近年来，土传病害的防治更是备受关注，如十字花科作物的根肿病和茄科作物的青枯病和枯萎病等。大田生产过程中，常使用生石灰和硫黄粉调节土壤的酸碱度，虽然能起到一定的作用，但长时间使用存在土壤土质下降的风险，因此笔者所在团队期望能开发出更安全的调节栽培土壤pH的方式。电解水又称"电解离子水"或"氧化还原电位水"，通常指含盐（如氯化钠）的水经过电解后所生成的产物。电解后的水可经过半透膜分离而生成两种性质的水，一种是碱性电解水，另一种是酸性电解水。电解水的酸碱特性赋予其具有一定调节栽培土壤pH的应用前景，且电解水本身具有无毒、无害、无残留等特性，使之有望成为一种理想的土壤pH调节剂。西南科技大学电解水农业技术研发与应用推广专家团队已在该领域做了一定的研究，从大田生产实践来看，灌溉碱性电解水对马铃薯粉痂病和十字花科作物根肿病具有一定的防治效果。但前期的研究并没有明确阐述酸性电解水和碱性电解水对栽培土壤pH调节的有效性和稳定性。本研究旨在探讨电解水调节栽培土壤pH的有效性和稳定性，探索实际施用的可行性及可行性方案。

试验材料：酸性电解水、碱性电解水和土壤pH检测仪等。酸性电解水和碱性电解水由四川雄一集团提供，土壤pH检测仪为恒美牌土壤pH检测仪。

试验方法：本研究在四川利他利安绿色种植示范农场（电解水农业技术应用示范农场）中进行，该农场位于四川省绵阳市游仙区石马镇横山村。试验时间为2023年7月1日至9月30日，供试作物为西蓝花（免耕种植），品种为青云，前茬蔬菜为番茄。

单次浇灌电解水：首先对处理前的栽培土壤的pH值进行测

多次浇灌酸性电解水对于土壤pH调节的效果：鉴于在浇灌1次酸性电解水下对栽培土壤pH值调节作用不具有持久性，从施用成本等因素考虑，团队进一步提出了利用中强酸来快调，并用弱酸进行维持的方式进一步对浇灌酸性电解水对土壤pH的调节作用进行验证（图2-15），其检测结果见表2-15所列。本研究结果与先前的试验结果一致，即pH值为3.0左右的酸性电解水能有效降低栽培土壤的pH值，但该作用时效较短，处理10 min后降低率为11.02%，但1天后降低率仅为1.44%；浇灌弱酸性电解水（pH值为5.0左右）对降低栽培土壤的pH值具有一定的维持作用，连续浇灌酸性电解水4天后栽培土壤的pH值降低率大于6%，6天后pH值的降低率在10%左右。可见，连续浇灌酸性电解水能一定程度降低栽培土壤的pH值并维持在一定水平。见表2-16所列，浇灌后15天对照组的土壤pH值为6.24，碱性电解水处理组的pH值为7.10，比对照组提升13.78%；浇灌后30天时对照组的pH值为6.04，碱性电解水处理的为6.48，比对照组提升7.28%。本研究在浇灌碱性电解水30天后再浇灌1次碱性电解水，浇灌后栽培土壤的pH值提升至7.70左右。

表2-15　酸性电解水多次综合处理条件下栽培土壤的pH值变化

处理组	原始 pH值	10 min	1天		2天		3天		4天		5天		6天	
			第1次	第2次	第1次	第2次	第1次	第2次	第1次	第2次	第1次	第2次	第1次	第2次
酸性电解水处理组	6.42	5.65	6.16	6.03	6.07	5.95	6.07	5.92	6.07	5.90	6.11	5.95	5.96	5.98
对照组	6.35	6.35	6.25	6.31	6.51	6.50	6.25	6.24	6.27	6.30	6.54	6.54	6.61	6.81
降低率/%		11.02	1.44	4.43	6.76	8.46	2.88	5.13	3.18	6.34	6.57	9.02	9.83	12.18

图2-15 团队人员为土壤调酸

表2-16 碱性电解水浇灌2次后栽培土壤pH值的变化

处理组	1天	15天	30天	30天（第2次浇灌）
碱处理	7.46	7.10	6.48	7.70
对照组	6.20	6.24	6.04	6.04
提升率/%	20.32	13.78	7.28	27.48

讨论与结论：利用酸性电解水和碱性电解水对栽培土壤的pH值进行调节，达到促进作物生长和防治土传病害的效果是电解水农业技术体系的重要组成部分。本研究探索了浇灌酸性电解水和碱性电解水对栽培土壤pH的调节作用，从试验的结果来看得出如下几点结论。

①浇灌酸性电解水和碱性电解水能有效调节栽培土壤的pH值，但碱性电解水的作用较酸性电解水的作用更稳定。单次浇灌碱性电解水对提升栽培土壤pH的作用能维持较长时间；单次浇灌酸性电解水，栽培土壤的pH值会在较短时间恢复到处理前，因此采用单次浇灌酸性电解水来调节栽培土壤pH不具有实际可操作性。

②对于栽培土壤pH的调节在大田生产过程中具有重要的现

实意义。采用强（中强）酸快调和弱酸维持的方式在大田生产过程中具有较好的可操作性，且能达到一定的效果。作物的生长及土壤中重金属的活性都与土壤pH息息相关，鉴于此有必要在电解水调节栽培土壤pH的过程中对农作物的生长情况及农产品的重金属含量进行测定，以评价该措施的安全性。

2.9　电解水农业技术中对农产品的保鲜作用

利用电解水农业技术体系生产的农产品较常规生产的农产品更具保鲜特性，这主要体现在利用电解水农业技术生产的果蔬具有硅素含量更高和维生素含量更高等特性。除此之外，在电解水农业技术体系中喷施酸性电解水和喷施酸性电解水配制的壳聚糖溶液均可增强果蔬的保鲜效果。

2.9.1　酸性电解水的保鲜作用

我国是农业生产和出口的大国，但产后贮藏保鲜及加工技术不当或不够先进会导致生鲜食品腐烂损失严重。果蔬因去皮、切分等处理损害了果蔬的组织结构，汁液外溢，故呼吸作用、酶促和非酶促褐变及其他生理代谢加速进行，表面大面积的暴露及丰富的营养为微生物的侵染和生长繁殖提供了有利的环境条件。果蔬上的微生物主要为霉菌、酵母菌和细菌，这些微生物是导致切割果蔬腐败变质的主要原因之一。

酸性电解水具有杀菌能力强、杀菌范围广，无污染、无残留，对人体安全，制取方便、成本低廉等特点，近年来得到了越来越广泛的应用。酸性电解水可以通过浸泡和喷施等方式达到防腐保鲜的目的，酸性电解水可杀死或抑制果蔬表面或内部的病原微生物，并可抑制果蔬采收后的呼吸代谢。

美国 FDA 将次氯酸认定为"Inventory of Effective Contact Substance（FCS）"，即有效食品接触物质认定。酸性电解水对于蔬菜和水果都具有较好的贮藏保鲜作用，一般喷施或者浸泡酸性电解水可以有效地降低农产品表面的微生物数量，降低腐烂率，提高了果蔬的食用安全性；与此同时，酸性电解水具有一定的抑制农产品呼吸，降低其新陈代谢的作用。

2.9.2 喷施酸性电解水配制的壳聚糖溶液的保鲜作用

喷施酸性电解水配制的壳聚糖溶液是电解水农业技术的重要组成部分，如先前所提到的：酸性电解水和壳聚糖两者均具有较好的杀菌作用；喷施后可在农产品表明形成一层壳聚糖有机膜，该膜的存在对于防治微生物的侵染具有增效作用，该措施可以抑制水果自身产生乙烯，减少水果的细胞膜透性，降低了多酚氧化酶（PPO）活性的增加速度，减少了酚类物质的累积，进而延缓了果肉的变色；该措施能有效地增加农产品表面有益菌的数量水平。由此可见，喷施酸性电解水配制的壳聚糖溶液作为一种有效的果蔬保鲜措施具有较大的应用前景。

2.10 小结

西南科技大学电解水农业技术专家团队于2018年5月在《长江蔬菜》电解水农业专栏中对电解水和电解水技术做了首次综合性的阐述。在无药（零化学农药使用）电解水农业技术体系中，主要关键性技术有如下几种。①利用电解水浸种处理。酸性电解水用于农业生产中播种前种子的处理，能有效地杀死种子中，特别是种皮上的病原菌。利用酸性电解水对种子进行预处理时需要注意两个方面：一方面是浸泡处理时间不宜过长，另一方面是酸性电解水浸泡处理后，一般需要碱性电解水再进行一次浸泡处理。电解水浸种处理一般能提高种子10.0%左右的发芽率。使用时，酸性电解水5～10倍稀释，碱性电解水20～30倍稀释。②直接喷施电解水进行植物病害的防治。利用酸性电解水中含有次氯酸等有效的杀菌成分和较低的pH值，可以大面积地用于防治农作物病害；同时，喷施碱性电解水能有效地提高营养物质的吸收、抑制植物的氧化应激程度，提高作物自身的抗氧化能力等。③喷施碱性电解水促进植物生长、提高产量。此过程中对碱性电解水的喷施浓度作20～30倍稀释。在生产过程中喷施碱性电解水，能有效地促进作物的生长、提高产量、提高可溶性固形物含量、改善口感和提高作物的抗氧化活性。④利用电解水处理栽培土壤消除或者减弱土传病害。大田生产过程中已经证明浇灌碱性电解水能有效地防治马铃薯的粉痂病和十字花科作物根肿病。对于茄科植物枯萎病的防治是通过喷施酸性电解水配制的壳聚糖溶液等措施增强栽培土壤的抑菌活性来达到防治效果的。⑤碱性电解水的防虫作用。碱性电解水具有一定的防虫效果，相关试验和大田生产实践已经证明了喷施碱性电解水对白粉虱和螨虫等具有一定的杀虫效果，其防虫机制主要是通过堵塞小虫体气孔，导致小虫体窒息而亡。在生产过程中常需配合苦参碱和白僵菌等生物农药的施用来对虫害进行有效的联合防治。⑥喷施碱性电解水乳化后的植物油在农业生产中的应用。碱性电解水通过乳化作用可以将植物油较为均匀地分散到水体中，通过向作物喷施该碱性电解水乳化后的植物油能有效地在作物表面特别是叶表面形成一层有机膜，这种成膜作用在作物病虫害的防治方面具有一定的应用前景，但在具体的操作过程中使用得并不多。⑦喷施酸性电解水或者喷施酸性电解水配制的壳聚糖溶液对农产品保鲜的有重要提升作用。酸性电解水及酸性电解水配制的壳聚糖溶液具有较好的杀菌作用，可杀死或抑制果蔬表面或内部的病原微生物，且酸性电解水配制的壳聚糖溶液可在农产品表面形成壳聚糖有机膜，可减少微生物对农产品的侵染，延缓农产品变质。

综上所述，无药电解水农业技术体系从农产品育种到产品保鲜整个过程中都有较高的应用价值，是当下及未来农业生产中的重要研究方向。

3

绿色生产模式下使用电解水农业技术减少化学农药施用量

　　"十四五"规划纲要提出要走中国特色社会主义乡村振兴道路，全面实施乡村振兴战略，强化以工补农，以城带乡，推动形成工农互促、城乡互补、协调发展、共同繁荣的新型工农城乡关系，加快农业农村现代化。在新的时期下，"三农"工作的重点需放在农业提质增效上，注重绿色发展、科技研发、质量提升与效益提高。当前农业发展的整体趋势是稳定生产的同时，逐步减少化学农药化肥的使用量。2021年12月29日，海南省政府率先印发了《海南省化学农药化肥减量实施总体方案（2021-2025年）》，力争到2025年，化学农药使用量较2020年减少15%，每年减量幅度不低于3%。海南省是全国第一个明确提出化学农药化肥减量目标的省份。因地制宜地推广化学农药化肥减量增效技术，打造了一批绿色蔬菜、绿色水果、有机茶、有机大米等农产品品牌，促进农业生产提质增效。种植业基本实现从数量型向质量型转变是我们接下来应努力的方向，如何有效地实现化学农药的减量，笔者认为电解水农业技术在其中大有可为。电解水技术是2021年全国农业技术推广服务中心大力推广的7类绿色防控技术之一，其对作物多种病害均具有较好的防治效果。在第二章中笔者已经较为全面系统地对无药（零化学农药施用）电解水农业技术做了阐述。关于施用电解水（使用电解水农业技术）如何实现生产过程中的减少化学农药的施用量一般体现在使用电解水农业技术能有效减少化学农药的单次施用量，以及使用电解水农业技术能有效减少化学农药的施用次数等。

3.1　使用电解水农业技术减少化学农药的单次施用量

以电解水作为配制化学农药的助剂进行化学农药的配制时，可以减少化学农药的施用量。从大量的生产实践结果来看，使用电解水农业技术能有效的减少化学农药的单次施用量，可较容易地达到减少30%～50%的化学农药使用量。在该操作过程中一般进行酸性电解水对呈酸性的农药的配制和以碱性电解水进行呈碱性的农药的配制，酸性电解水的使用浓度参照10倍稀释，碱性电解水的使用浓度参照20～30倍稀释进行处理。此时，化学农药的使用量可以为常规使用量的50%～70%。从大量的试验和大田应用结果来看，利用电解水进行化学农药的配制，能有效地减少单次化学农药的施用量，且防治效果相当或者优于常规配制方式（图3-1），特别是酸性电解水进行化学农药的配制，能有效地减少化学农药的单次施用量。

图3-1　绿色生产农场

3.2 使用电解水农业技术减少化学农药的施用次数

在电解水农业技术体系中，酸性电解水常用于病害的防治，碱性电解水常用于促进农作物生长、提高作物抗性和提高农产品品质等方面。电解水农业技术也常用在农产品的绿色生产和常规生产过程中，电解水本身的防治病虫害作用可以有效地减少化学农药的施用次数。也就是说，在绿色生产和常规生产过程中通过喷施酸性电解水和碱性电解水来对病害进行预防或作为轻微病害发生时的防治措施，而当病虫害发生或者较大面积发生时，可利用喷施化学农药的方式进行有效的防治。在这里化学农药的施用浓度为说明书中的参考施用浓度，该过程中减少化学农药施用量是因使用电解水替代化学农药对较轻病害进行防治从而实现化学农药施用次数的减少，达到在整个生产过程中有效减少化学农药的施用量。一般来讲，化学农药的喷施次数可以减少1/3及以上。

例如，在大田番茄生产过程中，酸性电解水对于番茄疫病和灰霉病等病害具有较好的防治效果，可以大幅度地减少化学农药的施用次数。番茄晚疫病又称"番茄疫病"，是番茄上的常见真菌性病害。番茄晚疫病在番茄的整个生育期均可发生，幼苗、叶、茎、果实均可发病（图3-2）。番茄晚疫病是一种毁灭性病害，在番茄种植区域普遍发生。特别是冬季设施栽培的番茄，因高湿低温易发病。该病一旦发生极易迅速传播，如果不能及时有效控制会造成绝收。在电解水农业技术体系中，有效防治番茄晚疫病需要做好常规管理和发病初期管理。常规管理即利用酸性电解水进行种子消毒和在番茄生长过程中喷施电解水预防病害，一般每2～3周喷施1次酸性电解水。发病初期管理是针对已发生病害时的处理措施，此时每天喷施1次，连续喷施2次酸性电解水。从近几年的生产实践看，喷施酸性电解水能有效控制早期晚疫病的发生（图3-3）。

图3-2　晚疫病在番茄茎秆、果实和叶片上的表现

图3-3　喷施酸性电解水的番茄

3.3　其他

大田生产过程中，栽培土壤的酸碱度是农业一线生产者普遍关注的指标，栽培土壤的酸碱度直接或间接影响作物的生长和一些病虫害的发生。一般认为：不适的酸碱度一方面存在减少

土壤养分有效性的风险；另一方面会影响土壤中微生物的结构与活性。绝大多数大田作物都有较宽的生长 pH 范围，但各种作物都有自己最适的生长 pH 值。就笔者 20 多年的生产经验而言，对土壤 pH 的关注主要体现在两方面，即影响作物的生长和土传病害的发生。近年来，土传病害的防治更是备受关注，如十字花科作物的根肿病和茄科作物的青枯病和枯萎病等。大田生产过程中，常使用生石灰和硫黄粉及其他化学试剂来调节土壤的酸碱度，虽然能起到一定的作用，但长时间使用存在土壤土质下降的风险，而利用电解水能够更安全地调节栽培土壤 pH 值。

另外，利用酸性电解水来调节配制化学农药用水的 pH 值是一个较为特殊和针对特定水体的用法。新疆、青海等西北地区的农业用水普通偏碱性，利用这些水体进行化学农药的配制往往会影响化学农药的作用效果，而大部分的农药是偏酸性的，因此在实际的生产过程中可以采用添加酸性电解水的方式来降低水体的 pH 值，使水体 pH=5～6，一般参照每 20 L 水体添加酸性电解水原液 1～2 L 来进行操作。该措施能有效地发挥化学农药的防治病虫害的作用，从而减少化学农药的使用量。

3.4 小结

电解水农业技术是以酸性电解水和碱性电解水的施用为核心，同时有机地结合包括生物防治在内的其他农事操作措施。按照实际生产需要，可以利用电解水农业技术体系进行有机蔬菜的生产，达到化学农药的零施用；绿色蔬菜或者常规蔬菜生产过程中使用电解水农业技术能有效地减少化学农药的施用量。电解水农业技术在农业生产中的作用主要包括：①能减少化学农药的单次施用量；②能有效减少化学农药的施用次数；③利用电解水来调节农药配制用水的 pH 值可保持农药杀虫或者杀菌的能力。因此，使用电解水农业技术对于有效地实现化学农药的减量目标大有可为，也是笔者团队目前及将来的主要研究方向之一。

其他应用案例与配套技术

在家庭环境中，利用酸性电解水来进行豆芽菜的发制是酸性电解水使用的重要场景。家用发芽盘以及家用小型发芽机是家庭中常用的发豆芽菜的设备。在豆芽菜的发制过程中酸性电解水常为10倍稀释液（图4-1）。此外，利用碱性电解水来冷浸烟叶制备烟碱水剂等类似植物源杀虫剂也是碱性电解水的一个应用场景，但从笔者所在的团队的实际操作来看，该措施并不是电解水农业技术体系中常用的操作措施。下面将再介绍一些应用案例和配套技术，以备参考使用。

图4-1 利用酸性电解水发豆芽

4.1 喷施碱性电解水除农残

利用碱性电解水除农残的场景可以分为大田、工厂（清洗和分装），以及家庭。大田中农产品采收前喷施碱性电解水能有效降低农产品中的化学农药残留量，去除率可达到 70% 及以上；采收后可用碱性电解水进行清洗，碱性电解水使用 20～30 倍稀释液。家庭环境中的果蔬去农残，可喷家庭装碱性电解水，以含有一定农药（辛硫磷）残留的西蓝花为例研究碱性电解水除农残的效果，试验设置了 5 个处理组：碱性电解水处理组、清水（自来水）处理组、食盐水处理组、小苏打水处理组和常用洗涤剂处理组。每处理组做 3 次重复，检测结果取测定值的平均值。利用农残快速检测仪进行农残检测时，对照液的吸光度为 0.476，处理后除农残效果见表 4-1 所列。由表 4-1 中数据可知，碱性电解水的除农残效果明显优于其他四种方式。喷施后放置 1～2 min，再用清水洗净，可达到有效去农残和杀菌的作用（表 4-2）。从表 4-2 中可知，喷施放置时间并非越长，抑制效果越好，一般喷施后放置 1～2 min 最佳。

表 4-1 5 种不同农残去除方法在西蓝花上效果比较

处理组	吸光度	抑制率/%
碱性电解水处理组（原液）	0.370	22.26
清水处理组（自来水）	0.301	36.76
食盐水处理组（2 g/L）	0.327	31.30
小苏打水处理组（2 g/L）	0.336	29.41
洗涤剂处理组（0.05 mg/L）	0.343	27.94

碱性电解水还用于枸杞加工过程的破蜡，能有效地实现"无碱"枸杞的生产。

表4-2 不同处理时间下除农残效果比较

处理时间	吸光度	抑制率/%
喷施后直接清洗	0.174	51.80
喷施后放置2 min清洗	0.323	10.52
喷施后放置4 min清洗	0.303	16.07
喷施后放置6 min清洗	0.301	16.62
喷施后放置8 min清洗	0.299	17.17
喷施后放置10 min清洗	0.265	26.59

注：以含有一定农药（辛硫磷）残留的西蓝花为例，利用农残快速检测仪进行农残检测时，对照液的吸光度为0.361。

4.2 利用电解水家庭套装进行阳台蔬菜的生产的技术简介

阳台种菜是指在自家的阳台上进行蔬菜的种植，常常可以种植一些容易种植的蔬菜和常用到的香料（藿香和薄荷等），阳台蔬菜种植是现代家庭园艺生活的一部分，也是都市中家庭休闲的一种重要方式。一般来讲，在阳台蔬菜的种植过程中不施用化学肥料和化学农药，是一种健康的生活方式，同时也能激发人的兴趣和陶冶情操。阳台蔬菜的种植除适合家庭外，同时也可以作为酒店、休闲会所、写字楼、办公室等一些场所的装饰和环境的美化（图4-2）。在当下"亲近自然，绿色生活"的潮流下，阳台小菜园已成为一种崭新的家庭休闲潮流。

近年来，电解水已经慢慢地走入了人们的生活中。电解水一般是在电解槽中将含少量电解质的水在消耗微量电能的条件下进行电解，从而得到得酸性电解水和碱性电解水的总称。在生产过程中可以通过电解NaCl溶液得到含次氯酸分子的酸性电解水，通过电解K_2CO_3溶液得到含钾离子的碱性电解水。家庭中常使用酸性电解水来对家庭环境进行消毒和去异味，施用碱性电解水来进行果蔬的杀菌去污和除农残。在家庭环境中，我们也可以利用电解水家庭套装（图4-3）来进行阳台蔬菜的种植，或者家里绿色植物的养护。本文章以小白菜的生产为例简单阐述如何利用电解水家庭套装进行健康绿色安全的阳台蔬菜的生产。

图4-2　某酒店前厅用蔬菜作为装饰　　图4-3　电解水家庭套装

1. 种子处理与育苗

以小白菜为例（图4-4），小白菜阳台种植试验时间为2020年4月，取适当的种子放置在容器中，喷施酸性电解水处理5 min后，水洗1次，然后喷施碱性电解水处理5 min后，水洗一次，即可将种子播种到塑料育苗盆（50 cm×28 cm×12 cm）中，种子覆土厚度为0.5～1.0 cm。

向种子喷施酸性电解水和碱性电解水的量以将种子喷湿，但无积液为标准。酸性电解水对种子具有很好的消毒作用，但一般情况下单独使用酸性电解水对种子的发芽并没有明显的促进作用。酸性电解水处理后结合碱性电解水处理，在对种子进行消毒

于阳台蔬菜的生产，其丰富了家庭装电解水的使用范围，也弥补了在家庭绿植养护过程中很难找到合适的养护产品的空缺。

利用电解水家庭装进行阳台蔬菜的生产主要体现在如下几个方面。

（1）种子的消毒。家庭环境中，直接喷施酸性电解水到种子表面，润湿即可，处理 5 min 后水洗，然后再喷施碱性电解水处理 5 min 后水洗沥干后，即可用于播种或者催芽。

（2）阳台蔬菜病害的防治与养护。在家庭环境中，喷施少量清水对蔬菜叶面进行简单的润湿，然后喷施酸性电解水；喷施酸性电解水 30～60 min 后，再喷施碱性电解水（清水、酸性电解水和碱性电解水的喷施量参考 1∶1∶1）。每 2 周喷施 1 次，喷施时间尽量避开中午高温时间段。

（3）栽培土壤 pH 的调节。大田生产过程中可用少量电解水来进行栽培土壤 pH 的调节，少量的阳台蔬菜生产也可采用该措施。将电解水原液做 20～30 倍稀释后浇灌作物根系附近土壤，酸性电解水可用于降低栽培土壤的 pH 值，碱性电解水可用于提高栽培土壤的 pH 值。

4.3　运用电解水农业技术实现秋季鲜食玉米零化学农药施用

水稻、小麦、玉米、大豆和土豆是我国的五大主粮，其中小麦、水稻和玉米占世界上食物的一半以上。玉米是禾本科的一年生草本植物。一般玉米含糖度为 4°左右，而甜玉米含糖度在 8°～16°。随着人们生活水平的提高，含糖量高、口感好、营养丰富的鲜食玉米逐步进入了消费者的视野，市场的需求量也越来越大。本节介绍的这款牛奶玉米为新品，这种玉米的含糖量高达 20%以上，比西瓜、甜瓜、葡萄的含糖量还要高，可作为水果食用，这种玉米就是超甜玉米的一种。与普通玉米相比，超甜玉米的含糖量高达20%以上，是普通玉米的4～5倍，是甜玉米的2～3倍，但其淀粉含量比前两种玉米低，再加上胚乳中含有大量的水分，种皮较普通玉米品种更薄，口感很好，很受消费者欢迎。又因其带着淡淡奶香，故又被称为"牛奶玉米"，可以直接生吃，像吃水果一样。

4.3.1　选地整地

1.选地

秋季鲜食玉米的种植中，肥水管理是关键，因此所选的地块要求水源充足便于灌溉，特别是在山地地区时水源一定要有保障。有机质含量丰富的肥沃土壤可以为玉米生长提供充足的养料，为玉米生长创造良好的生长环境。

2.整地

选地后进行深耕耙平，秋季玉米的生产建议结合有机肥与复合肥混施，有机肥的用量可参照每亩500 kg，复合肥50 kg做基肥条施于沟内。鲜食玉米的生长期一般在70～90天，早熟型鲜食玉米可在定植后60天左右采收，因此施用一定量的复合肥作为底肥有利于壮苗。

4.3.2　选种催芽

1.选种

选择福建农华圣高科农业发展有限公司的钱多多超甜鲜食玉米，该鲜食玉米品种为西南科技大学电解水农业技术研发与应用推广团队的主选鲜食玉米电解水农业技术示范种植品种。该品种口感极佳，并具有一定的种植技术要求。

2. 催芽

将种子先用酸性电解水进行种子的灭菌，酸性电解水浸泡5 min
左右，转入碱性电解水浸泡10 min即可播种。其中，浸泡吸水是
为了催芽，酸性电解水浸泡是为了对种子进行消毒，碱性电解水
浸泡是为了促进发芽与生根。酸性电解水稀释5~10倍后使用，
碱性电解水稀释20~30倍后使用。

4.3.3　播种技术

1. 播种时期

在四川地区该品种秋季的播种时间可选择在7月中旬到8月
初，不宜再晚。

2. 育苗

采用育苗基质在育苗盘育苗，育苗基质中可添加少量过磷酸
钙。每穴放1粒种子，播种深度在1 cm左右，用清水喷湿遮阳
网。一般播种后3天左右出苗。

3. 移栽

在幼苗两叶一心时开始移栽，严禁栽老苗、大苗。栽后浇
"定根水"，移栽的适宜密度为3500~4000株／亩。

4.3.4　电解水农业技术在鲜食玉米生产过程中应用以及
田间管理

1. 定植

玉米苗在两叶一心时进行定植，该玉米品种不宜定植过晚，
一般在播种后10天左右。定植后要求浇足定根水，保证幼苗成活。

2. 地膜种植防草

该品种的鲜食玉米的种植建议使用地膜进行种植，银灰色地膜

具有保湿防草作用，同时玉米收获后可再免耕进行西蓝花的种植。

3. 水肥管理

该玉米品种整个生长期不宜缺水，需做好灌溉和防涝工作。施肥管理要求苗肥与穗肥并重，要求施足底肥，苗期和出穗期通过灌溉进行追肥。该玉米为矮秆（超）短生长周期品种（剑叶发达，发达的剑叶有利于为玉米苞的生长发育提供一定的营养物质），因此苗壮茎粗是保证该鲜食玉米商品性的重要条件（图4-5）。

图4-5　生长期的鲜食玉米

4. 病虫害防治

该玉米的病害主要有大小叶斑病、锈病、纹枯病等病害，虫害主要有玉米螟和蚜虫等。原则上以防为主，综合防治，在管理上要早发现早防治。在鲜食玉米的生产过程中原则上不施用化学农药。对大小叶斑病、锈病和纹枯病可选用喷施酸性电解水（溶解壳聚糖的酸性电解水）的方式进行有效的防治。一般定植1周后喷施1次溶解壳聚糖的酸性电解水；定植30天左右再喷施1次，隔1天后喷施白僵菌来对玉米螟进行有效的防治。当有蚜虫虫害发生时可喷施苦参碱来进行防治。在病害防治过程中需要注意一点：当有地上部分病害较大面积发生时，需连续2天每天1

次喷施溶解壳聚糖的酸性电解水来进行有效的防控。溶解壳聚糖的酸性电解水按照5～10倍进行稀释施用，即一般在30天左右时如有大面积的地上部分病害（一般指叶斑），需要连续喷施两天，每天1次；如无明显病害或者零星个别较轻的发病就常规的喷施1次溶解壳聚糖的酸性电解水。定植50天左右时喷施碱性电解水，并再喷施一次白僵菌对雄穗和雌穗上的玉米螟进行防治。

　　5. 促吐丝措施

　　本栽培品种秋季种植存在一定程度的花期不遇情况，雄穗上的主轴花粉散出，以及各个分支花粉开始散出后的3～7天后，下部的雌穗才开始吐丝（图4-6）。在生产过程中，一般鲜食玉米品种是在吐丝后摘除植株下部多余的雌穗作为玉米笋销售，而对于该品种建议提前摘除植株下部多余的雌穗，从而促进上部雌穗的生长发育以提前吐丝。与此同时，该品种雄穗上的花粉量大，在良好的肥水管理条件下授粉情况良好！

图4-6　鲜食玉米的花期

4.3.5　适时收获

　　该品种的鲜食玉米在授粉后的25天左右进行采摘，采摘时间一般不要超过30天。25天左右采摘口感最佳。

在四川地区秋季种植时，该玉米品种的生长期在70天左右（播种到采收鲜食玉米棒），株高在1.5 m左右，单个重在200 g左右，含糖度在20°左右。该鲜食玉米品种具有甜脆多汁、口感极佳的特性，一般市场零售价建议为5～10元/苞。

总结：（1）播种前利用酸性电解水和碱性电解水对玉米种子进行处理；（2）定植1周后喷施1次溶解壳聚糖的酸性电解水；（3）定植30天左右出穗前，喷施1次溶解壳聚糖的酸性电解水；（4）定植45天左右时喷施碱性电解水；（5）当叶斑等病害发生时可通过连续喷施2次酸性电解水的方式来进行有效防治。

4.4 利用电解水农业技术体系进行草莓的零化学农药施用种植

西南科技大学电解水农业技术专家团队从2017年开始系统地研究电解水在农业上特别是在种植上的应用技术。团队已发表电解水农业技术相关论文40余篇，出版一部电解水农业技术应用专著《电解水农业技术应用指导》。电解水在种植上的应用主要体现在两个方面：一方面是减少化学农药的施用量，另一方面是提高农产品的品质。在利用电解水农业技术进行零化学农药施用生产时，团队已在西红柿、鲜食玉米、辣椒和菠菜等蔬菜上实现了零化学农药的施用并做了大面积的生产示范。草莓是蔷薇科草莓属植物的通称，属多年生草本植物。草莓营养价值高，不同的品种往往含有不同的水果芳香，含有丰富的维生素C，口感清甜，因此深受广大消费者的喜爱。草莓的现场采摘近年也成了很多家庭亲子活动以及农耕文化教育的重要组成部分。草莓的经济效益较高，因此为了保证草莓生产的顺利进行往往需要大量地施用化学农药。大量化学农药的施用导致很多消费者对草莓产业的第一印象就是农药施用过多，这不利于草莓产业的可持续发展。大量化学农药的施用成了制约草莓品质提高和影响草莓产业发展的重要因素。因此，如何有效地利用电解水农业技术来实现草莓生产过程的减药甚至零化学农药施用就成了笔者所在团队所关注和研究的重点内容之一。西南科技大学电解水农业技术专家团队，在总结电解水农业技术在其他作物上应用的同时结合草莓种植的自身特性，经过近三年的技术攻关和生产示范，已较好地研发出基于电解水农业技术的草莓零化学农药施用生产技术体系（图4-7）。具体的技术简介如下。

图4-7　电解农业技术应用示范农场的草莓（四川绵阳）

1. 选地整地

草莓生产园选择光照充足、地势稍高、地面平坦、灌排方便、土壤肥沃疏松的地块。鉴于现场采摘是草莓产业的重要销售方式，因此便利的交通也是需要考虑的重要因素。施用化学农药来进行闷棚对草莓地进行消毒是传统草莓种植的重要操作环节。在电解水农业技术体系中，我们采用培育抑菌土的方式来代替利用化学农药来对草莓地进行消毒的传统方式，具体操作如下：喷施溶解壳聚糖的酸性电解水来进行土壤消毒和培育抑菌土，壳聚糖的含量参照0.05%（20 L水中加10 g壳聚糖）；喷施处理时酸性电解水稀释倍数参照10倍稀释（每亩施入量参照20～30 g）。喷施溶解壳聚糖的酸性电解水后，栽培土壤的抑菌活性会得到显著提高，其原因之一在于栽培土壤中的放线菌的数量会得到明显的提高。为提高草莓的品质，在种植时需重施底肥，底肥可选择优质腐熟的农家粪肥（或者油枯），农家粪肥（或者油枯）的参考用量为每亩500 kg、复合肥50 kg。整地做成高20 cm，宽50 cm的畦面，畦沟宽30 cm，施肥按照包厢肥处理。有机肥特别是油枯的施用有利于草莓的生长和品质的提高。

2. 移栽

四川地区的草莓一般在12月中旬上市。为保证上市时间，繁育圃草莓苗移栽大棚畦面的时间应在9月上旬。要随起苗，随移栽，每畦栽2行，行距27 cm，穴距20 cm，亩栽10 000株左右。栽植时同一行植株的花序朝同一方向，使草莓苗弓背朝花序预定生长方向，苗心露出畦面，根系平展埋入疏松土层，及时浇定植水，并使外露的根埋入土层中。

3. 种植管理

（1）花芽分化前期的管理。

9月上旬移栽的草莓苗，需要及时补水。补水过程中可通过滴灌系统适当追肥。该过程可选择富含腐殖酸液体肥或者直接选择尿素。草莓在生长过程中要及时摘除枯叶、老叶及腋芽和匍匐茎，保留5～6片叶。

（2）中耕与施肥。

中耕松土，利于有机物分解。一般在10月应浅中耕2～3

次。初花期与坐果初期各追肥1次，此时追肥可选择复合肥，参照每亩施复合肥35 kg。

（3）灌排。

草莓在开花与浆果生长初期之前适当的灌水对草莓的生长具有积极作用。可在开花期和浆果生长初期分别灌水1次。参照灌水到沟高2/3处为好，让水渐渐渗入畦土。

（4）加盖塑膜。

10月下旬，是草莓花序分化期末，此时要求盖地膜。一般铺黑色或者银灰色防草地膜。

（5）通风操作。

草莓苗生长的土壤湿度应在70%～80%，棚内空气湿度控制在60%～70%。一般11月至12月一般在上午10时至下午3时揭开大棚及中棚两端塑膜通风。大棚通风有利于大棚降湿降温，对草莓白粉病的防治具有一定的积极作用。与此同时，及时摘除老叶保留7～8片叶。

（6）授粉与疏花疏果。

在草莓种植过程中一般可以采用蜜蜂来进行辅助授粉，可选择的蜜蜂包括中蜂、熊蜂以及壁蜂等。疏花疏果对于品质的保证具有重要的意义，一般要求每个花序上留6～8朵花；在幼果青色阶段时对畸形果、病虫果以及瘦小果疏掉，保留每茬4～6个具有商品性的果。

（7）采收。

草莓苗开花、坐果到浆果着色、软化，释放特有香味，时间约30天。在草莓采收前10天左右需要喷施1次碱性电解水，碱性电解水的施用浓度为20倍稀释液。采收期一般要求10天左右或者每2周喷施1次碱性电解水。

4. 病害防治

草莓在种植过程中常见的病害包括白粉病、灰霉病和叶斑病等。草莓从定植到大田后到生长周期结束一般要求再喷施 2～3 次溶解壳聚糖的酸性电解水，此时酸性电解水为 10 倍稀释液，壳聚糖施用浓度参照 0.01%，即 20 L 水中添加壳聚糖 2 g。喷施溶解壳聚糖的酸性电解水是对草莓病害包括土传病害防治的主要措施之一。草莓定植后按照每 2 周喷施 1 次酸性电解水的频率来进行草莓常见病害的防治。酸性电解水的施用浓度为 5～10 倍稀释液。当草莓种植过程中发生白粉病时，在发病中心株及其周围，重点喷施酸性电解水 5 倍稀释液，并连续喷施 2～3 天，每天 1 次的处理方法来进行有效防治。当白粉病大面积发生时可以采用全园适当去叶，并连续喷施 2～3 次酸性电解水的方式进行处理，此时酸性电解水的施用浓度为 5 倍稀释液；该过程可以适当配合喷施矿物油或者碱性电解水溶解的植物油的措施来对白粉病进行综合的防治。与此同时，在草莓的种植过程中需注重硅肥的施用。

5. 虫害防治

蓟马、蚜虫和红蜘蛛是草莓生产过程中常见的虫害，在零化学农药施用生产体系中可采用喷施白僵菌和苦参碱等生物源农药的方式来进行草莓虫害的防治。喷施白僵菌是对草莓虫害防治的重要措施，但该措施有一个缺点是：喷施白僵菌容易弄"脏"草莓叶片，因此该措施一般建议在浆果生长初期之前施用，因后期其他喷施操作可以冲干净这些叶片，不影响采摘时的观感。采摘期可以采用喷施苦参碱或者除虫菊素的方式来进行草莓虫害的防治。

总结：从近三年的生产示范来看，利用电解水农业技术体系能有效地实现草莓生产的零化学农药施用。主要技术要点包括如下三个方面：（1）喷施溶解壳聚糖的酸性电解水来对栽培土壤进行有效的处理，整个生产过程喷施次数不少于3次；（2）按照每2周喷施1次酸性电解水的频率来对草莓常见的白粉病等病害进行预防，当病害发生时通过连续喷施2~3次5倍稀释酸性电解水的处理方法来进行有效的防治，与此同时，在草莓生产的整个过程中需注重硅肥的施用；（3）通过喷施白僵菌和苦参碱等措施对草莓常见虫害进行有效防治。

4.5 葡萄的零化学农药施用种植示范

葡萄作为一种美味的水果，深受广大消费者的喜爱，不同的葡萄品种其口感也不一样，如略带酸味的夏黑，纯甜口感的阳光玫瑰等。葡萄和草莓一样，现场采摘近年也成了很多家庭亲子活动以及农耕文化教育的重要组成部分。葡萄的经济效益较高，因此为了保证葡萄生产的顺利进行往往需要大量地施用化学农药。同草莓一样，大量化学农药的施用导致很多消费者对葡萄产业的第一印象就是农药施用过多，这不利于葡萄产业的可持续发展。大量化学农药的施用成了制约葡萄品质提高和影响葡萄产业发展的重要因素。因此，如何有效地利用电解水农业技术来实现葡萄生产过程的零化学农药施用就成了笔者所在团队所关注和研究的重点内容之一。西南科技大学电解水农业技术专家团队，在总结电解水农业技术在其他作物上应用的同时结合葡萄种植的自身特性，经过近年来的技术攻关和生产示范，已较好地研发出基于电解水农业技术的葡萄零化学农药施用生产技术体系。具体的技术简介如下。

4.5.1 葡萄种植方法

1. 选址与土壤

葡萄多选用大棚种植,一般要求土壤具有良好的通气性、保水性和排水性;葡萄生长整个过程需要充足的阳光,应选择向阳的地方进行种植。

2. 品种选择

葡萄品种繁多,不同品种的葡萄适应性和抗病性有所不同。在选择品种时,应根据当地的气候、土壤条件以及市场需求来进行选择。一般来说,建议选择成熟早、抗病性强、产量高的品种。

3. 栽植时间

葡萄的栽植时间一般为春季,当地温稳定在10 ℃以上时即可进行。栽植前应对根系进行修剪,去除病虫害和不良根系,以保证新根的生长。

4. 栽植方法

葡萄栽植时应保持适当的行距和株距,一般行距为2～3 m,株距为1～1.5 m。栽植时应注意将土压实并浇透水。

4.5.2 葡萄的日常管理

1. 浇水

葡萄生长过程中需要充足的水分,特别是在开花期和果实发育期。浇水时应遵循"干湿相间"的原则,即在土壤表面干燥时进行灌溉,以保持土壤湿润。同时,要避免积水,以免引发病害。

2. 施肥

葡萄生长过程中需要充足的养分，因此要定期进行施肥。施肥应以有机肥为主，如腐熟的农家肥、堆肥等。在生长初期，可施用氮、磷、钾复合肥，以促进植株生长。在果实发育期，适当减少氮肥的施用并适当追施钾肥，以提高葡萄的品质。

3. 修剪

葡萄修剪是提高产量和品质的重要措施。修剪应在花期结束后进行，此时植株生长较为旺盛。修剪时应去除病虫害枝条、交叉生长的枝条以及过密的枝条，以保证阳光充足，提高通风性。

4. 病虫害防治

葡萄在生长过程中容易受到病虫害的侵害，基于电解水农业技术体系的零化学农药施用生产的具体操作如下：在冬季葡萄修剪后、春季出芽后、疏花疏果，以及花期结束修剪后均需要喷施溶解壳聚糖的酸性电解水，并要求整个生长周期喷施溶解壳聚糖的酸性电解水次数不少于5次；在生产过程中喷施苦参碱或者除虫菊素等生物农药来进行虫害的必要防治。酸性电解水参照10倍稀释后进行壳聚糖的配制，壳聚糖的用量参照0.01%。

喷施碱性电解水能有效地提高葡萄的品质，要求在葡萄坐果后至少喷施3次碱性电解水，碱性电解水参照20～30倍稀释后施用。碱性电解水含有一定量的钾离子，喷施碱性电解水具有补充钾肥的作用。图4-8为笔者团队在示范种植基地零化学农药施用下种植的葡萄。

图 4-8　零化学农药施用葡萄的示范种植

4.6　秋冬季西蓝花的零化学农药施用生产示范

　　西蓝花属于十字花科的一种蔬菜，具有丰富的营养价值。西蓝花的维生素 C 含量极高，有利于人的生长发育，更重要的是能提高人体免疫功能，促进肝脏解毒，增强人的体质，增加抗病能力。因此，西蓝花深受广大消费者的喜爱。秋冬季西蓝花相对而言病虫害较少，但育苗过程中对于蚜虫和菜青虫等虫害的防治还是必不可少的；育苗过程中的猝倒病、立枯病和霜霉病也需要进行必要的防治。利用电解水农业技术进行西蓝花的零化学农药施用种植是提高西蓝花品质的重要措施也是市场差异化销售的重要途径。与此同时，减少化学农药施用甚至不用化学农药对于生态环境的保护也具有重要的意义。

　　在电解水农业技术体系中对于西蓝花的种植，西南科技大学电解水农业技术专家团队在前期通过喷施溶解壳聚糖的酸性电解水和浇灌碱性电解水来对西蓝花种植过程中常见的土传病害菌核病和根肿病等病害进行有效防治，再结合其他有机生产措施较好的实现了西蓝花的零化学农药施用生产，本节将对秋冬季西蓝花零化学农药使用生产技术进行简单的介绍。

图4-10 霜霉病等病害

从图4-9来看,利用电解水农业技术进行西蓝花的零化学农药施用生产时对西蓝花病虫害的防治具有较好的效果,西蓝花整体生长良好,无大面积病害发生。从图4-10来看,当有小面积病害发生时使用电解水农业技术能对病害发生进行有效的控制。

4.7 壁蜂等授粉技术的应用

壁蜂属于蜜蜂总科切叶蜂科中的一个壁蜂属。壁蜂有许多种,紫壁蜂、凹唇壁蜂、角额壁蜂、叉壁蜂、壮壁蜂都是这个大家庭的成员,我国使用的壁蜂大部分属于角额壁蜂。利用电解水农业技术进行绿色或者有机农产品生产时可以采用壁蜂等蜜蜂来进行授粉。壁蜂大约在12 ℃时破茧出房,飞出来采花授粉。春节过后,当外界气温逐渐回升的时候,及时把蜂管中的壁蜂茧取出来放在冰箱冷藏室中保存备用,当果园里的花蕾长大的时候,就要把蜂茧从冰箱中取出。电解水农业技术是重要的绿色种植技术,将中蜂、壁蜂以及熊蜂授粉技术引入到该技术体系中,有利于进一步丰富该技术体系,并有效地解决绿色或者有机种植过程中作物授粉问题(图4-11)。

图4-11　利用中蜂、壁蜂以及熊蜂进行授粉

4.8　天敌昆虫的应用

在电解水农业技术体系中，电解水本身具有较好的防治病害的作用，对于虫害的防治常喷施植物源杀虫剂或者微生物杀虫剂等，当然对于害虫自身天敌昆虫的利用也是电解水农业技术体系中重要的组成部分。在四川绵阳地区常利用到的天敌昆虫包括七星瓢虫和草岭等。比如，对于蚜虫的防治，在生产过程中可以通过观察七星瓢虫等天敌昆虫和蚜虫自身的数量来判断是否需要喷施除虫菊或者苦参碱来主导对蚜虫的防治。在电解水农业技术示范农场李树种植区，可以参照在3月20号左右喷施一次苦参碱（加矿物油）对蚜虫进行一次防治，当4月初李园中

大量存在七星瓢虫幼虫和成虫时，可将蚜虫的防治主导权交给七星瓢虫等蚜虫的天敌昆虫。当天敌昆虫不能有效控制蚜虫时，一般采用人工释放天敌昆虫增加天敌昆虫数量水平的措施或者转为喷施除虫菊或者苦参碱等植物源杀虫剂来短期更换防治措施主体。

　　（a）七星瓢虫成虫　　　　（b）七星瓢虫幼虫

图4-12　天敌昆虫

4.9　茴香等植物的应用

　　茴香和葱等植物开花时能吸引大量的蜜蜂、食蚜蝇等多种益虫，因此在大田生产过程中可以种植一定面积的茴香或者葱等植物，特别是在电解水农业技术体系中我们常利用这类益虫来实现作物授粉和虫害防治已取得一定效果。在四川绵阳地区当二、三月份油菜花大面积开放时茴香花和葱花上基本无蜜蜂和食蚜蝇等多种益虫，从三月底四月初开始出现大量的蜜蜂和食蚜蝇等多种益虫（图4-13）。

图4-13　茴香花和葱花上的蜜蜂和食蚜蝇

4.10　农用酵素的应用

在电解水农业技术体系中，酵素的使用是一项重要的措施。酵素是一种含有特定生物活性的有机物质，通过微生物发酵过程制造而成。在农业生产过程中可以利用低商品性或者失去商品价值的农产品来进行农业酵素的生产。酵素的使用在农业中有着重要作用，其能有效提高作物产量、改善土壤状况、预防和治疗病虫害等。常用农用酵素的配方：以10 L水为例，需加入0.5 kg红糖和15 kg废农产品，可额外加入EM菌。将材料混合后密封发酵，第1个月每天搅动和排气，之后密封进行发酵，整个过程至少需要3个月（图4-14）。施用时可以参照500倍稀释后喷施。图4-14中的酵素为电解水农业技术应用示范农场自行生产的农用酵素，所用蔬菜为低商品性的番茄。

图4-14 农用酵素的制作

4.11 小结

本章主要探讨了电解水的其他应用案例与配套技术，包括：（1）喷施碱性电解水除农残；（2）利用电解水家庭套装进行阳台蔬菜的生产；（3）运用电解水农业技术实现秋季鲜食玉米零化学农药施用；（4）利用电解水农业技术体系进行草莓的零化学农药施用种植；（5）葡萄的零化学农药施用种植；（6）秋冬季西蓝花的零化学农药施用生产；（7）壁蜂等授粉技术的应用；（8）天敌昆虫的应用；(9)茴香等植物的应用；（10）农用酵素的应用。再次证明了电解水农业技术是一种绿色、环保、高效的农业技术，其具有广阔的发展前景和应用价值。

5

总结与展望

5.1 总结

　　电解水农业技术展现出一种绿色、环保、高效的农业发展方向，其应用前景广阔，势必将成为未来农业的重要组成部分，并引导一场农业生产的绿色革命。电解水本身具有无毒无残留的特性，电解水农业技术能够在不产生任何化学农药残留的情况下，通过调节土壤酸碱度、促进种子发芽、替代化学农药杀虫消毒、作为农作物生长促进剂，以及作为农产品的防霉保鲜剂等多种方式，全面支持农业生产的各个环节，实现从土壤改良和病虫害的绿色防治到农产品保鲜的全程绿色护航。电解水农业技术的应用总结如下。

　　土壤改良与种子发芽促进：通过使用酸性或碱性电解水，可以有效调节土壤酸碱度，对土传病害的防治具有积极作用，酸性电解水与壳聚糖的联用更丰富了该部分内容；利用电解水来浸泡种子在有效杀灭病害的同时能提高种子的发芽率，抑制发芽过程中霉菌的生长，从而促进作物的生长与发育。

替代农药杀虫消毒：强酸性电解水具有迅速致死各种植物病虫害的能力，可以广泛替代化学农药，解决化学农药残留问题，同时其高氧化电位能够强制性夺取细菌病毒的生物膜电子，杀菌高效瞬时且使用安全。利用电解水特别是酸性电解水来进行相应化学农药的配制也能有效的减少化学农药的单次施用量。碱性电解水对白粉虱等具有一定的杀虫效果，在农业生产过程中结合生物杀虫剂的施用能有效地实现虫害的绿色防控；喷施或者浇灌碱性电解水对于根肿病和粉痂病等土传病害的防控也具有积极的作用。

作为农作物生长促进剂与防霉保鲜剂：强碱性电解水可以加强光合作用，促进作物萌芽生长、果实着色、增加糖度，是安全的生长促进剂。同时，利用电解水处理农产品可以杀灭果蔬表面的细菌、真菌、病原体，延长保鲜时间，保证果蔬的绿色、安全。与此同时，采用电解水农业技术生产的农产品往往具有更高的抗氧化活性，其本身就更具保鲜特性。

除农残作用：采收前喷施碱性电解水以及采收后利用碱性电解水进行清洗均能有效地减少农产品的农药残留。家庭条件下果蔬去农残，可喷家庭装碱性电解水，喷施放置 1～2 min 后，用清水洗净，可达到有效去农残和杀菌作用。

5.2　展望

随着科技的进步和对环境保护要求的提高，电解水农业技术将在未来农业发展中扮演越来越重要的角色。它不仅能够提高农业生产效率，还能有效减少化学物质的使用，保护生态环境，实现农业的可持续发展。因此，电解水农业技术有望成为绿色农业的重要支柱，为全球农业的绿色转型和升级提供强大的技术支持。

如今，科技正在飞速发展，西南科技大学电解水农业技术专家团队从事的电解水农业技术研究领域是一个需要不断突破创新的领域，需要打破传统束缚，不惧艰难，勇于探索，用创新思维解决一个又一个研究中的难题。同时，继续拓宽电解水、农业技术的应用领域。用更多的研究成果和实践经验，继续为绿色农业的发展贡献自己的力量。

参考文献

［1］李信,徐军,严洁,等.电解水农业技术的开发推广与应用[J].长江蔬菜,2018(06):32-33.

［2］杜明润,李信,肖伟,等.电解水与电解水技术的研究进展[J].长江蔬菜,2018(10):27-29.

［3］李信.电解水农业技术—解决农产品农残的有效途径[J].长江蔬菜,2018(12):33-34.

［4］李信.雄一电解水对茄子黄萎病的防治研究[J].长江蔬菜,2018(14):23-24.

［5］肖伟,帕拉沙提·斯然,李红君,等.施用电解水对蔬菜吸收土壤中重金属的影响[J].长江蔬菜,2018(16):29-31.

［6］李信,肖伟,严洁,等.雄一电解水的稳定性研究[J].长江蔬菜,2018(22):24-25.

［7］古丽白兰·巴依居马,肖伟,李信.利用电解水农业技术进行高钙富硒绿色蔬菜的示范生产[J].长江蔬菜,2019(02):18-19.

［8］徐军,肖伟,李信.加强电解水农业技术的推广,促进绿色农产品生产[J].长江蔬菜,2019(04):23-24.

［9］杜明润,肖伟,李传福,等.强酸、强碱性电解水的灭菌效果比较研究[J].中国农学通报,2019,35(17):98-101.

［10］肖伟,陈珂,张彩君.采收期有效利用电解水确保农产品安全[J].长江蔬菜,2019(14):26-27.

［11］肖伟,Abdul Hakeem,张采君,等.大田生产过程中施用电解水降解农残的作用[J].长江蔬菜,2019(16):29-31.

［12］肖伟,Abdul Hakeem,陈珂,等.采收后利用电解水处理农产品降低农残的效果[J].长江蔬菜,2019(18):29-30.

［13］肖伟,OM Parkash,陈珂,等.酸性电解水促进番茄叶片硅吸收与提高植株抗性的作用[J].长江蔬菜,2019(20):22-23.

［14］肖伟,陈挺,OM Parkash,等.施用酸性电解水配制的叶面硅肥溶液对番茄重金属吸收的影响[J].长江蔬菜,2019(22):21-22.

［15］刘李岚,肖伟,Abdul Hakeem,等.采收前喷施碱性电解水对蔬菜维生素C含量的影响[J].长江蔬菜,2020(40):38-39.

［16］肖伟,Abdul Hakeem,刘李岚,等.家庭装碱性电解水除农残特性和几种常见除农残方法效果比较[J].长江蔬菜,2020(06):36-38.

［17］肖伟,张彩君.碱性电解水浸泡处理除农残特性研究[J].长江蔬菜,2020(08):27-29.

［18］肖伟,张彩君,陈珂.家庭中利用酸性电解水进行豆芽菜的生产[J].长江蔬菜,2020(10):29-30.

［19］肖伟,张彩君.在电解水农业技术体系中不同有机硅肥施用方式对番茄吸收硅和糖度的影响[J].长江蔬菜,2020(12):31-32.

［20］肖伟,张彩君,陈珂.电解水短时处理对采后蔬菜维生素C含量等保鲜指标的影响[J].长江蔬菜,2020(16):26-27.

［21］肖伟,OM Parkash,陈珂,等.利用电解水农业技术体系生产硅素樱桃番茄、小白菜[J].长江蔬菜,2020(18):29-30.

［22］肖伟，Abdul Hakeem，竹文坤，等.利用电解水农业技术体系生产还原性蔬菜樱桃番茄[J].长江蔬菜，2020(22):25-26.

［23］唐源洋，肖伟，陈珂.利用电解水家庭套装进行阳台蔬菜生产[J].长江蔬菜，2021(06):25-26.

［24］刘李岚，肖伟，陈珂，等.利用电解水农业技术体系有效防治早春番茄叶霉病[J].长江蔬菜，2021(12):24-25.

［25］沈民越，程梓杰，张子茜，等.碱性电解水对白菜表面有机磷农药的去除效果研究[J].农产品加工，2021(14):8-10.

［26］黄霜，肖伟，张嘉雯，等.电解水农业技术体系中喷施碱性电解水防治白粉虱效果研究[J].长江蔬菜，2021(18):27-28.

［27］肖伟，张嘉雯，黄霜，等.酸性电解水对早期番茄晚疫病防治具有良好效果[J].长江蔬菜，2021(22):26-27.

［28］张嘉雯，肖伟，朱佩群，等.碱性电解水对西蓝花根肿病的防治效果[J].长江蔬菜，2021(24):22-23.

［29］肖伟，黄霜.有机种植模式下喷施碱性电解水乳化后的植物油在秋茄子生产中的应用[J].长江蔬菜，2022(04):24-25.

［30］易春焱，肖伟，樊文容，等.有机种植模式下喷施碱性电解水乳化后的植物油在早春大棚樱桃番茄生产中的应用[J].长江蔬菜，2022(08):25-26.

［31］刘李岚，邱钦勤，樊文容，等.碱性电解水去除水果表面有机磷农残的工艺研究[J].中国农学通报，2022,38(02):133-140.

［32］肖伟，张祥辉，肖圣国，等.电解水助力农业生产过程中的化学农药减量[J].长江蔬菜，2022(10):20-22.

［33］肖伟，樊欣荧，张子茜.一种基于电解水农业技术体系的茄子枯萎病防治方法[J].长江蔬菜，2022(14):17-18.

[34] 肖伟,张祥辉,秦晓旭.再论电解水与电解水农业技术[J].长江蔬菜,2022(18):26-30.

[35] 肖伟,翁泽华,肖圣国,等.运用电解水农业实现秋季鲜食玉米零化学农药施用生产技术[J].长江蔬菜,2022(22):24-25.

[36] 肖伟,翁泽华.利用电解水农业技术体系进行草莓零化学农药施用种植示范[J].长江蔬菜,2023(10):21-23.

[37] 易春焱,肖伟.喷施碱性电解水乳化后的大豆油对番茄病害的防治作用研究[J].长江蔬菜,2023(14):16-18.

[38] 樊欣荧,肖伟.溶解壳聚糖的酸性电解水对土壤中微生物种群结构的影响[J].长江蔬菜,2023(18):24-26.

[39] 谢林婧,林碧英.浅谈重金属污染对番茄生长和果实品质的影响[J].福建热作科技,2018,43(01):62-63.

[40] 王永刚,康怀启,王会海,程兆东.硅肥的研究及其在农业生产上的应用[J].中国果菜,2018,38(08):48-50+64.

[41] 高荣广,曹逼力.硅对番茄果实发育及硅吸收特性的影响[J].山东农业科学,2016,48(09):88-91.

[42] 王健欣.硅肥对作物吸收积累重金属的影响研究进展[J].农家参谋,2017(16):195.

[43] 刘琪,张鑫,韩成贵,等.酸性电解水在蔬菜病害防治上的研究进展[C]//中国植物病理学会.中国植物病理学会2019年学术年会论文集.北京:中国农业科学技术出版社,2019:535.

[44] 肖伟,韩倩倩.秋冬季西蓝花零化学农药施用生产示范[J].长江蔬菜,2024(10):18-19.